Verständliche Wissenschaft Band 96

Wolfgang Schwenke

Zwischen Gift und Hunger

Schädlingsbekämpfung
gestern, heute und morgen

Mit 46 Abbildungen

Springer-Verlag
Berlin · Heidelberg · New York 1968

Herausgeber der Naturwissenschaftlichen Abteilung:
Prof. Dr. Karl v. Frisch, München

Prof. Dr. Wolfgang Schwenke
Institut für Angewandte Zoologie
der Universität
8000 München 13, Amalienstraße 52

ISBN-13: 978-3-540-04377-5   e-ISBN-13: 978-3-642-88759-8
DOI: 10.1007/ 978-3-642-88759-8

Umschlaggestaltung: W. Eisenschink, Heidelberg

Die Wiedergabe von Gebrauchsnamen, Handelsnamen, Warenbezeichnungen usw. in diesem Werk berechtigt auch ohne besondere Kennzeichnung nicht zu der Annahme, daß solche Namen im Sinn der Warenzeichen- und Markenschutz-Gesetzgebung als frei zu betrachten wären und daher von jedermann benutzt werden dürften. Titel-Nr. 7229

Vorwort

Die Schädlingsbekämpfung, insbesondere die Bekämpfung der Kulturpflanzenschädlinge, ist in den letzten Jahren mehr und mehr in den Blickpunkt der Öffentlichkeit gerückt. Das hat vornehmlich zwei Gründe. Einmal wird angesichts des unaufhörlichen Wachstums der Erdbevölkerung die Notwendigkeit zu verstärkter Bekämpfung der Schädlinge, die zur Zeit noch immer etwa 25% der jährlichen Welternte vernichten, von Jahr zu Jahr deutlicher. Zum anderen aber treten bei den zur Sicherung der Ernten notwendigen chemischen Bekämpfungsmaßnahmen unerwünschte Nebenwirkungen, vor allem die Vernichtung nützlicher Tiere, die Bildung giftresistenter Schädlingsstämme und die Gefährdung der menschlichen Gesundheit, immer auffälliger in Erscheinung und beunruhigen die Bevölkerung.

So erfreulich das zunehmende Interesse an diesen Problemen ist, so würde es noch weit erfreulicher und der Sache nützlicher sein, wenn das in der Öffentlichkeit verbreitete Bild den tatsächlichen Verhältnissen entspräche. Das ist aber leider nicht der Fall. Die Schädlingsbekämpfung ist zu einem Gegenstand von Auseinandersetzungen geworden, die von nichtfachlicher Seite meist unsachlich geführt werden. Die Bevölkerung ist außerstande an Hand der widersprechenden Darstellungen ein richtiges Bild von der Situation und Problematik zu gewinnen.

In unserer Zeit, in der die Schädlinge und die Probleme ihrer Bekämpfung nicht nur in das tägliche Leben jedes Einzelnen eingreifen, sondern auch für den Bestand der Menschheit insgesamt eine grundlegende Bedeutung erlangt haben, ist aber eine sachlich fundierte Beurteilung seitens der Öffentlichkeit unerläßlich geworden. Das vorliegende Büchlein möchte dem Leser helfen sich ein solches Urteil über die moderne Bekämpfung der Kulturpflanzenschädlinge und ihren künftigen Weg zu bilden.

München, im Sommer 1968   Wolfgang Schwenke

Inhaltsverzeichnis

1. Schädlinge und ihr Schaden   1
Was sind Schädlinge?   1
Was gibt es für Schädlinge?   3
Kulturpflanzenschädlinge und ihr Schaden   4
     Unkräuter S. 5 — Pflanzenkrankheiten S. 6 — Glieder-
     füßler S. 13 — Wirbeltiere S. 19

2. Der Pflanzenschutzdienst   22
Quarantäne   22
Melde- und Warndienst   23
Diagnose und Prognose   24
Bekämpfungs-Überwachung   26
Pflanzenschutzforschung   26
Pflanzenschutzmittel-Prüfung und -Überwachung   28

3. Physikalische Bekämpfung   29
Fernhaltung   30
Absammeln   32
Fallen   34
Hitze   37
Elektrizität und Strahlen   39

4. Chemische Bekämpfung   39
Was sind Gifte und wie wirken sie?   40
Epochen der chemischen Bekämpfung   41
Saatgutbeizung   43
Bodenentseuchung   44
Stäuben, Spritzen und Sprühen   45
     Insektizide S. 46 — Akarizide S. 48 — Rodentizide S. 48 —
     Herbizide S. 49 — Fungizide S. 51 — Antibiotica S. 52 —
     Anwendungsform S. 53 — Bekämpfungsgeräte S. 54
Räuchern, Nebeln und Begasen   56
Abschreckung und Anlockung   58
     Repellents S. 59 — Nahrungsköder S. 60 — Sexuallock-
     stoffe S. 62

5. Nebenwirkungen der chemischen Bekämpfung 63
Gift-Resistenz 64
Wirkung auf Bodenorganismen 66
Wirkung auf Pflanzen 68

Wirkung auf Tiere 70
   Insekten und Spinnen S. 70 — Honigbiene S. 71 — Fische
   S. 71 — Amphibien und Reptilien S. 72 — Vögel S. 72 —
   Säuger S. 74
Begünstigung von Schädlingen 74
   Vernichtung von Schädlingsfeinden S. 75 — Vernichtung der
   Unkräuter S. 76 — Erhöhung der Anfälligkeit der Pflanzen
   S. 77 — Beseitigung der Konkurrenz S. 78
Wirkungen auf den Menschen 78

6. Biologische Bekämpfung 83
Kulturmaßnahmen 84
Anbau schädlingsresistenter Sorten 88
Biozönotische Maßnahmen 90
Einsatz von Tieren 92
   gegen Unkräuter S. 92 — gegen Milben und Insekten S. 94 —
   gegen Wirbeltiere S. 99
Mikroorganismen 99
   Pilze S. 99 — Protozoen S. 101 — Bakterien S. 101 — Viren
   S. 103
Selbstvernichtung 107

7. Integrierte Bekämpfung 110
   Schonung von Nutzinsekten S. 110 — subletale Begiftung
   und Krankheit S. 111 — selektive Gifte S. 111

8. Der Weg der Schädlingsbekämpfung 114
Verminderung der Ernteverluste 115
Erhaltung der Natur 117
Sicherung der menschlichen Gesundheit 120

Literatur 123

Abbildungsnachweis 124

Sachverzeichnis 126

1. Schädlinge und ihr Schaden

Was sind Schädlinge?

Die Beantwortung dieser Frage scheint auf den ersten Blick einfach zu sein. Tatsächlich besteht in vielen Fällen, wie etwa bei Krankheitserregern des Menschen oder bei in Massen auftretenden Insekten, die Felder und Wälder kahlfressen, kein Zweifel, daß es sich dabei um Schädlinge handelt, um Organismen also, die dem Menschen gesundheitliche oder wirtschaftliche Schäden zufügen. In anderen Fällen jedoch ist diese Frage nicht so einfach zu entscheiden. So sieht z. B. der Jäger das Rehwild mit anderen Augen an als der Landwirt, auf dessen Feldern es als unerwünschter Gast erscheint, und die Ansichten darüber, ob die Ameisen als Vertilger schädlicher Insekten mehr den Nützlingen oder auf Grund ihrer Pflege der schädlichen Blattläuse (die ihnen süße

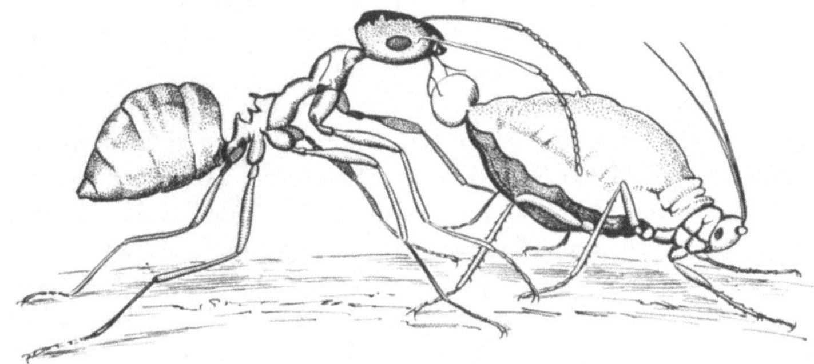

Abb. 1. Ameise, die Honigtau-Ausscheidung einer Blattlaus leckend, ca. 8fach vergr. (Nach W. GOETSCH)

Honigtau-Ausscheidungen dafür bieten, Abb. 1) mehr den Schädlingen zugerechnet werden müssen, sind geteilt. Da „Schaden" und „Nutzen" zwei der Interessensphäre des Menschen entstammende Ausdrücke sind, müssen ihnen auch im Prinzip die gleiche Subjektivität und Veränderlichkeit anhaften wie den Interessen der Menschen.

Das bedeutet, daß man sich bei der hygienischen oder wirtschaftlichen Beurteilung einer Organismenart nicht auf den ersten Eindruck verlassen kann, sondern die Situation näher prüfen muß.

Wenn beispielsweise die Larven des Apfelblütenstechers, eines Rüsselkäfers, 40% der Apfelblüten eines Baumes ausgefressen hätten, so würde es sich dennoch nicht um einen Schaden handeln, da auch ohne Einwirkung der Larven mindestens 40% der zu dicht stehenden Blüten nicht zu Früchten geworden wären. Man könnte im Gegenteil in diesem Fall den Apfelblütenstecher als nützlich bezeichnen, weil er für eine dem Baum und der Ernte förderliche Ausdünnung der Blüten sorgte. Anders sähe es allerdings aus, wenn der Käfer nicht 40%, sondern 80% Blüten mit Eiern belegt hätte. Jetzt würde daraus ein erheblicher Ernteverlust entstehen, den man durch eine Bekämpfung verhindern muß.

Wie schwierig die wirtschaftliche Beurteilung einer Organismenart sein kann, zeigt besonders deutlich eine Insektengruppe, der wir in den folgenden Kapiteln noch öfter begegnen werden: die *Schlupfwespen.* Von ihnen gibt es in Mitteleuropa mehrere tausend Arten, die fast alle als Parasiten in anderen Insekten leben. Das Weibchen einer solchen Schlupfwespenart legt mit seinem Legestachel ein Ei in den Körper eines Insektes (Abb. 2), z.B. einer Raupe, hinein. Die aus dem Ei hervorgehende Schlupfwespenlarve ernährt sich im Innern der Raupe von Körpersäften und Gewebe, ohne ihren Wirt vorerst abzutöten. Erst kurz vor Beendigung ihrer Entwicklung, wenn sie besonders viel Nahrung braucht, frißt sie auch die lebenswichtigen Teile ihres Wirtes und tötet diesen dabei. Sie verpuppt sich in der leeren Raupenhaut oder auch — falls die Raupe schon vorher zur Verpuppung gelangte — in der Puppenhülle, und so kommt es dann, daß aus der Schmetterlingspuppe anstatt eines Falters eine Schlupfwespe schlüpft. Im betrachteten Fall handelt es sich um eine nützliche Schlupfwespe, da sie eine schädliche Raupe oder Puppe vernichtete. Es gibt nun aber zahlreiche sekundär-parasitische Schlupfwespenarten, die ihr Ei nicht in das schädliche Insekt selbst, sondern in den Körper einer bereits im Schadinsekt schmarotzenden primär-parasitischen Schlupfwespenlarve versenken. Wird die primär-parasitische Larve getötet nachdem sie das Schadinsekt bereits getötet hat, ist die sekundär-parasitische Schlupfwespe schädlich, da sie eine Schädlingsvernichterin tötet. Wird der Primärparasit jedoch getötet noch bevor er das Schadinsekt töten konnte,

Abb. 2. Schlupfwespe bei der Eiablage in den Körper einer Raupe hinein, ca. 8fach vergr. (Nach A. Balachowsky und L. Mesnil)

übernimmt der Sekundärparasit in bezug auf das Schadinsekt (das er nun tötet) die Rolle des Primärparasiten und ist damit nützlich. Vollends kompliziert kann die Situation dadurch werden, daß eine dritte, tertiär-parasitische Schlupfwespenart das Schadinsekt ansticht, um in dessen Körper die innerhalb des Primärparasiten schmarotzende Larve des Sekundärparasiten mit einem Ei zu belegen. Auch dieser Tertiärparasit kann, je nachdem was sich im Körper des Schadinsekts abspielt, ein Schädling oder ein Nützling sein.

Was gibt es für Schädlinge?

Die als Schädlinge auftretenden Organismenarten lassen sich nach der Art ihres Schadens in drei große Gruppen einteilen.

Die erste Gruppe umfaßt die *Gesundheitsschädlinge*, die beim Menschen und bei seinen Haustieren Krankheiten erregen (z.B.

Viren und Bakterien) oder Krankheiten übertragen (z. B. Malariamücken) oder als Schmarotzer am Körper (z. B. Stechmücken)
bzw. im Körperinneren (z. B. Bandwürmer) leben. Sie werden im
medizinischen Schrifttum behandelt und sollen in diesem Bänd-
chen nicht näher betrachtet werden.

Eine andere Organismengruppe hat sich als *Vorrats- und Materialschädlinge* an den wirtschaftenden Menschen angepaßt. Zu ihnen
gehören z. B. der Hausschwamm, der Kornkäfer und die Kleidermotte. Aus biologischen, wirtschaftlichen und bekämpfungstech-
nischen Gründen sind auch sie zu einem hier nicht näher betrachteten Spezialgebiet der Schädlingsbekämpfung geworden.

Beiden Gruppen, den Gesundheits- sowie den Vorrats- und
Materialschädlingen, ist gemeinsam, daß sie der Bekämpfungs-
forschung keine großen Rätsel mehr aufgeben. Wir können schon
sehr zufrieden sein mit dem was auf dem Gebiet der Vorbeugung
und Behandlung von Infektionskrankheiten, der Ausschaltung
von Krankheitsüberträgern sowie der Bekämpfung von Vorrats-
und Materialschädlingen bisher erreicht wurde.

Grundlegende Sorgen bereitet uns nur noch die dritte Schädlingsgruppe, die *Kulturpflanzen-Schädlinge*, mit denen wir uns im
folgenden näher beschäftigen wollen. Ihnen gehören Vertreter
aller drei Lebensbereiche an: Mikroorganismen als Erreger von
Pflanzenkrankheiten, Pflanzen als Unkräuter sowie Tiere als Kul-
turpflanzenfresser. Die besondere Problematik ihrer Bekämpfung
liegt letzten Endes darin begründet, daß sie nicht wie die Vorrats-
und Materialschädlinge in geschlossenen Räumen oder wie die
Gesundheitsschädlinge in den begrenzten Systemen der Wirbel-
tier- und Menschenkörper leben, sondern in dem unendlich kom-
plexen Beziehungsgefüge der freien Natur.

Kulturpflanzenschädlinge und ihr Schaden

Wir können die Probleme der Bekämpfung von Kulturpflanzen-
Schädlingen besser beurteilen, wenn wir uns zunächst einen Über-
blick über die Vielfalt, die Lebens- und Schadensweise sowie die
wirtschaftliche Bedeutung dieser unerwünschten Gesellschaft ver-
schaffen.

Beginnen wir mit jenen Pflanzen, die als *Unkräuter* in unmittelbarer Nachbarschaft der Kulturpflanzen wachsen und diese damit auf ganz andere Weise schädigen, als die an oder in den Kulturpflanzen lebenden Krankheitserreger und tierischen Schädlinge. Man bezeichnet als Unkräuter alle Pflanzenarten, die unerwünscht auf land- und forstwirtschaftlich genutzten Flächen wachsen (Abb. 3). Neuerdings hat man diese Bezeichnung aufgegliedert in

Abb. 3. Häufige Ackerunkräuter, von links: Sauerampfer, Hederich, Löwenzahn, Ackersenf, Wegerich. (Nach Bayer Pflschtz. Compend.)

„Unkräuter", „Ungräser", „Unsträucher" und „Unhölzer". Im folgenden sei der Name „Unkräuter" in einem sie alle umfassenden Sinne gebraucht.

Die Unkräuter schaden in erster Linie dadurch, daß sie in Raum- und Nährstoffkonkurrenz zu den Kulturpflanzen treten. Das bedeutet in jedem Fall einen Verlust an Erntegut, der oft sehr erheblich ist. So zeigte ein Haferfeld bei mittelstarkem Bewuchs mit Ackersenf (Sinapis arvensis) eine Verminderung der Kornproduktion um 46%, gegenüber einem benachbarten unkrautfreien Bestand. In jüngster Zeit wurde erkannt, daß Hemmstoffe der Unkräuter in Form von Wurzelausscheidungen bei den Ernteverlusten mit beteiligt sein können.

Recht unangenehm sind viele Unkräuter auch als Reservoire und Zwischenwirte für Pflanzenkrankheiten und Schadtiere. So überwintern z.B. die Larven der Weizenhalmfliege im Queckengras (Agropyron repens) und die Salatmosaik-Viren im Kreuzkraut (Senecio). Von den Getreiderost-(Puccinia-)Pilzen lebt die Sommergeneration in der Ochsenzunge (Anchusa) und anderen Unkräutern.

Manche Unkrautarten, wie z. B. die giftige Herbstzeitlose, schaden auch der Gesundheit des Weideviehs oder beeinträchtigen — wie das bei wilden Laucharten festgestellt wurde — den Geschmack der Milch.

Nicht zuletzt aber behindern und verteuern die Unkräuter die Erntemaßnahmen. Die Landwirtschaft soll — entsprechend dem Wachstum der Bevölkerung — trotz ständiger Verminderung der Arbeitskräfte immer höhere Erträge erzielen. Sie muß zur Erfüllung dieser Aufgabe Vollernte-Maschinen einsetzen, die aber nur in unkrautfreien Beständen wirtschaftlich arbeiten können. Wenn z. B. verunkrautete Erbsen maschinell gepflückt werden, gelangen Unkrautsamen — darunter vielleicht die giftigen Samen des Nachtschattens — zwischen die Ernte und müssen anschließend umständlich ausgelesen werden. Beim Mähdrusch führen schon geringe Unkrautanteile zur Erhöhung der Feuchtigkeit der Getreidekörner und machen eine teure Nachtrocknung notwendig.

Die wirtschaftliche Bedeutung der Unkräuter ist in allen Ländern noch sehr hoch. An den landwirtschaftlichen Ertragsverlusten der USA, die im Durchschnitt der Jahre 1951—1960 auf rund 10 Milliarden Dollar jährlich geschätzt wurden, waren sie zu fast 25% beteiligt.

An Bedeutung noch übertroffen werden die Unkräuter von den Erregern der *Pflanzenkrankheiten*, den Viren, Bakterien und Pilzen, deren Anteil an den soeben genannten Ernteverlusten der USA 33% betrug. Ihre kleinsten Vertreter, die etwa 300 Arten umfassenden pflanzenpathogenen *Viren*, sind nur unter dem Elektronenmikroskop bei 10000- bis 100000facher Vergrößerung sichtbar. Sie rufen meist Verfärbungen (Gelbsucht, Ringflecken, Mosaikflecken) sowie Kräuselungen und Verbildungen der befallenen Pflanzenteile, meist der Blätter, hervor (Abb. 4). Mit zunehmender Ausbreitung des Erregers in der Pflanze sterben erst die befallenen Teile und schließlich die ganzen Pflanzen ab. Die Übertragung ist in manchen Fällen, wie bei der Tabakmosaik-Virose, bereits durch Berührung möglich. Die meisten Pflanzen-

6

Virosen werden jedoch von Blattläusen, Wanzen und anderen
Insekten sowie von Milben und Fadenwürmern beim Saugvorgang
übertragen. Neuerdings ist auch ein Pilz, Olpidium brassicae, als

Abb. 4a

Abb. 4a—c. Tabakmosaik-Virose. a gesunde Tabakpflanze, b viruskranke
Pflanze, c Erreger, ca. 50000fach vergr. (Nach W. WEIDEL)

Abb. 4b

Virus-Überträger ermittelt worden. Seine Sporen übertragen unter anderem die Tabaknekrose. Die genannte Tabakmosaik-Virose hat z. B. 1958 in den USA einen Ernteverlust von rund 20 Mill. kg

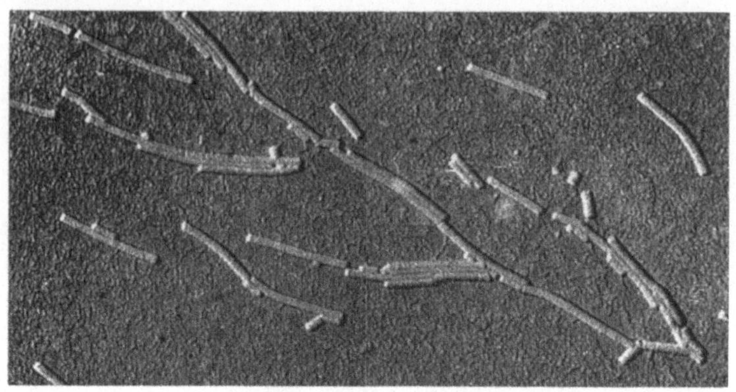

Abb. 4c

Tabak verursacht. Durch den Erreger der Rübenblattvergilbung sind bei Zuckerrüben schon Verluste des Zuckerertrags bis zu 60% entstanden.

In etwa gleicher Artenzahl wie die Viren treten *Bakterien* als Krankheitserreger bei Kulturpflanzen auf. Auch sie sind nur unter dem Mikroskop, allerdings bereits bei etwa 1000facher Vergrößerung, sichtbar. Sie verursachen Krebswucherungen (Abb. 5) und vor allem Fäulniserscheinungen an ober- und unterirdischen Teilen der Pflanzen und beweisen damit ihre grundsätzliche biologische Übereinstimmung mit jenen sehr zahlreichen Bakterienarten, die als Fäulnisbakterien überall auf der Erde das abgestorbene organische Material zersetzen und es auf diese Weise dem großen Kreislauf der Stoffe wieder zuführen. Die Übertragung der pflanzenpathogenen Bakterien erfolgt insbesondere durch Windverwehung der austrocknungsfähigen Erreger sowie auch durch Menschen und Tiere. Besonders bekannte Bakterienkrankheiten (Bakteriosen) sind die Schwarzadrigkeit der Kohl-, Rettich- und Rapsarten sowie die Stengelfäule der Kartoffel und anderer Pflanzen. Der Schaden durch die Mais-Stengelfäule wurde 1962 für nur einen der Bundesstaaten der USA auf 16,2% Ertragsminderung, das sind etwa 22,7 Mill. Doppelzentner Mais mit einem Wert von über 100 Mill. Dollar, berechnet.

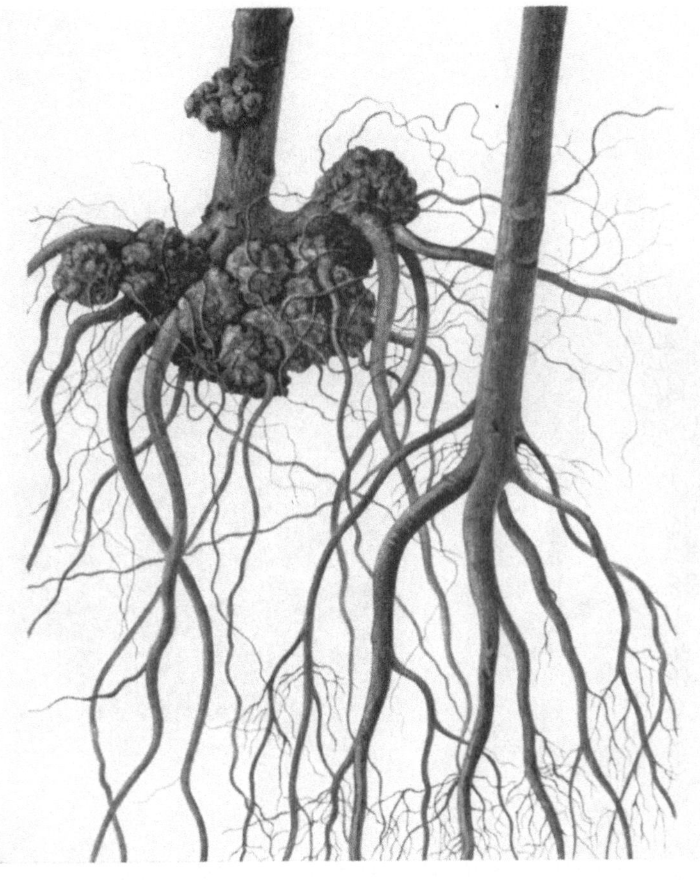

Abb. 5. Bakterienkrebs (Wurzelkropf) der Obstbäume, links: starke Krebswucherung an jungem Obstbaum, rechts: gesunder Jungbaum. (Nach Bayer Pflschtz. Compend.)

Die dritten im Bunde der Krankheitserreger bei Pflanzen sind die *Pilze*. Sie wuchern im Gewebe ihrer Wirtspflanzen als mehrzellige Fadengeflechte (Myzelien) und schnüren zu bestimmten Zeiten winzige Fortpflanzungskörper, die Sporen, ab. Diese werden

9

vom Wind auf neue Pflanzen verweht, auf denen sie wieder zu
Pilzgeflechten auskeimen. Bei einigen Pilzarten keimen die Sporen
jedoch nicht auf der gleichen Pflanzenart auf der sie entstanden,

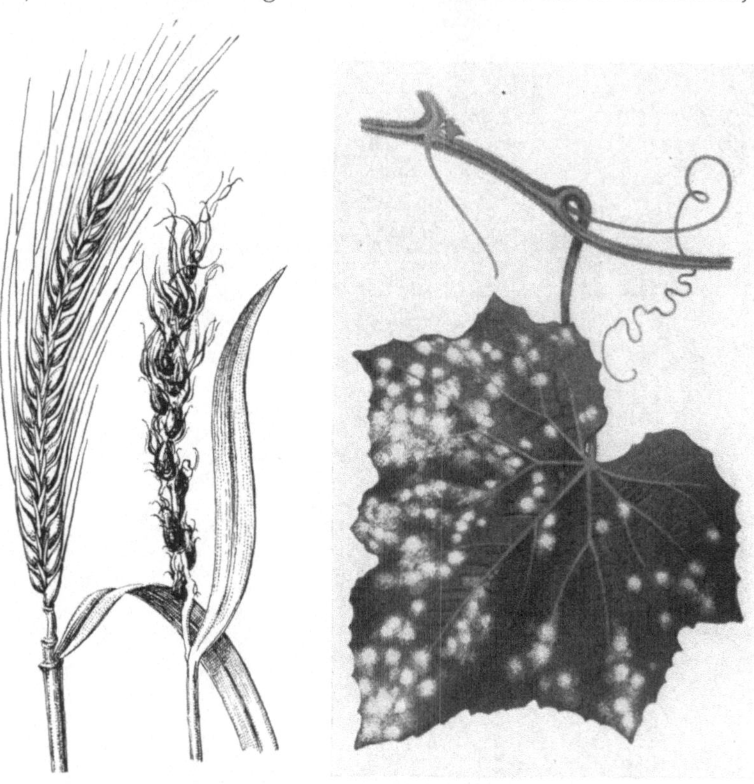

Abb. 6   Abb. 7

Abb. 6. Flugbrand der Gerste; links: gesunde Ähre, rechts: befallene Ähre,
vom Brandpilz deformiert. Die Körner bestehen nur noch aus schwarzen
Pilzsporen und sehen daher wie verbrannt aus. (Nach F. PICHLER und O.
SCHREIER)
Abb. 7. Gurkenmehltau. (Nach O. BÖHME und T. SCHMIDT)

sondern nur auf einer bestimmten zweiten Pflanzenart, dem sogenannten Zwischenwirt. Erst die auf diesem entwickelten Pilzsporen kehren dann zur ersten Pflanzenart, dem Hauptwirt, zurück. Der Schaden der Pilze besteht darin, daß sie das von ihnen

10

durchsetzte Gewebe sowie auch infolge Unterbrechung der Leit-
gefäße unbefallene Pflanzenteile zum Absterben bringen. Unter
den nicht weniger als etwa 3000 bekannten Arten Pilzkrankheiten
(Mykosen) der Kulturpflanzen sind am bekanntesten die Arten-
gruppen der Rost- und Brandpilze (Uredinales und Ustilaginales)
des Getreides (Abb. 6), die Schorf- (Fusicladium) und Frucht-
schimmel- (Monilia) Pilze der Obstbäume, die sehr verbreiteten
Mehltau-Pilze (Erysiphaceae, Abb. 7) und die besonders gefürch-
tete Phytophthera-Fäule der Kartoffel. Ein lohnender Obstbau ist
heute nur noch unter ständiger Schorf- und Monilia-Bekämpfung
möglich. Die Phytophthera-Seuche war Schuld daran, daß das
Kriegsjahr 1916 in Deutschland zum ärgsten Hungerjahr der
neueren Geschichte wurde. Die in jenem Jahre von der Seuche
größtenteils vernichtete Kartoffelernte konnte infolge der Blok-
kade nicht durch Importe ersetzt werden, so daß trotz des Aus-
weichens auf Kohlrüben hunderttausende Menschen Hungers
starben. Heute haben wir gegen diese Pilzkrankheit wirksame
chemische Bekämpfungsmittel.

In der wirtschaftlichen Bedeutung den Krankheitserregern etwa
gleich, diesen jedoch nach Artenzahl und Vielfalt der Schadensweise turmhoch überlegen, sind die an Kulturpflanzen schädlichen
Tiere. Ihre Artenzahl läßt sich nur sehr grob auf einige hundert-
tausend schätzen. Wem diese Zahl zu hoch erscheint, möge bedenken, daß heute bereits allein über 1 Mill. Insektenarten bekannt sind, von denen die Mehrzahl pflanzenfressend (phytophag)
ist. Die meisten davon verursachen allerdings nur geringe Schäden. Eine erhebliche Anzahl von ihnen tritt jedoch dauernd, peri-
odisch oder unregelmäßig in riesigen Mengen auf. Der Kampf
gegen sie bildet das noch nicht befriedigend gelöste Hauptproblem
der Schädlingsbekämpfung.

In jüngerer Zeit erst ist die pflanzenpathogene Rolle eines Teils
der Würmer, und zwar der Fadenwürmer oder *Nematoden*, erkannt
worden. Es handelt sich um einige hundert, nur etwa 1 mm große
durchsichtige Wurmarten, die wegen ihrer schlängelnden Bewe-
gung auch „Älchen“ genannt werden. Sie saugen den Inhalt von
Pflanzenzellen aus und stören oder unterbinden den Wasser- und
Säftetransport der Pflanze. Die Folgen sind Wachstumsstörungen,
die oft zum Absterben der Pflanzen führen. Die geringe Größe

der Älchen erleichtert ihre Verbreitung durch Wind, Wasser, Ackergeräte, Tierhufe, Schuhwerk und Pflanzenteile. Bei einigen Arten bildet die Haut der abgestorbenen Weibchen zitronenförmige, mit Eiern prall gefüllte Eihüllen (Zysten, Abb. 8), die

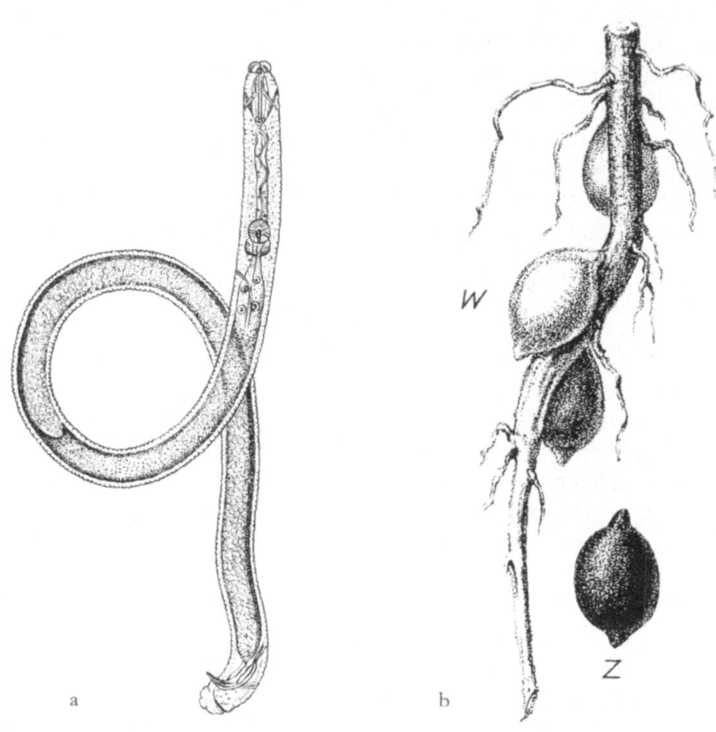

Abb. 8. Rübenälchen. a: Männchen, b: W = blasenförmige weibliche Würmer, Z = Eizyste, ca. 10 fach vergr. (a Nach S. WILKE)

bei Abwesenheit geeigneter Wirtspflanzen jahrelang im Boden lebensfähig bleiben können. Die gefürchtetste einheimische Art ist das oft als „Kartoffelfeind Nr. 1" bezeichnete Kartoffelälchen, das Ausfälle in Kartoffelfeldern bis zum Totalschaden verursachen kann. Neuerdings sind Nematoden auch als Überträger von Pflanzenvirosen erkannt worden.

12

Innerhalb des Riesenheers der an Kulturpflanzen schädlichen *Gliederfüßler* können wir saugende und fressende Formen unterscheiden.

Zu den Pflanzensäfte-*Saugern* gehören die mit unbewaffnetem Auge kaum noch sichtbaren *Spinnmilben* (Abb. 38). Ihren Namen haben sie nach der Eigenart, die Blätter ihrer Nahrungspflanzen mit feinen Spinnfaden-Schleiern zu überziehen, unter denen sie leben. Als man noch keine durchschlagenden Bekämpfungsmittel gegen Milben kannte, fügte allein die Hopfenspinnmilbe 1934 dem bayerischen Hopfenanbau 31 Mill. RM Ernteverlust zu. Mehr auffällig als schädlich ist die Lindenspinnmilbe, deren Saugen die Blätter der Linden so schnell zum Vergilben und Abfallen bringt, daß die Lindenalleen oft bereits mitten im Sommer ein winterliches Bild bieten.

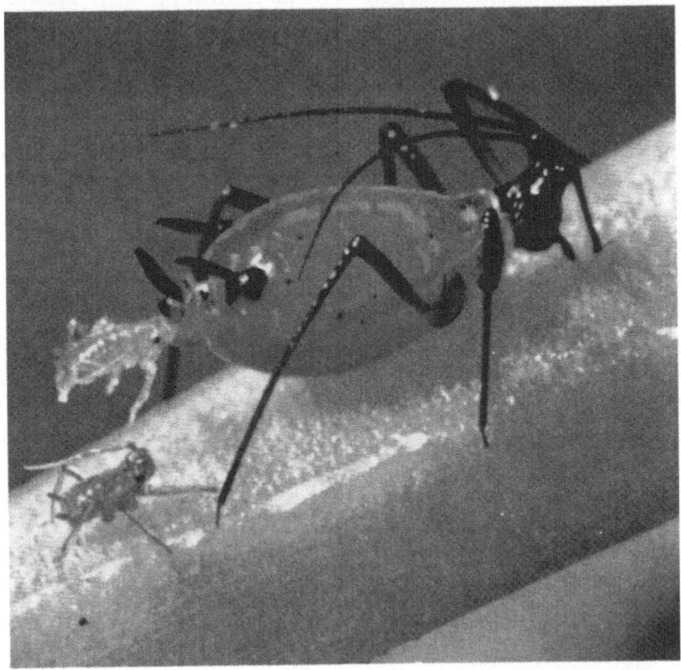

Abb. 9. Gurkenblattlaus, ca. 10fach vergr.; die ungeflügelten Weibchen sind lebendgebärend. Ein Jungtier kommt soeben zur Welt. (Nach „Die BASF")

Schon wesentlich größer als die Spinnmilben sind die zarthäutigen *Blattläuse* (Abb. 9), die sich durch ihre besonders kurze Entwicklungszeit und demgemäß durch eine hohe Generationszahl (in Mitteleuropa bis zu 12 Generationen im Jahr) auszeichnen. In trocken-warmen Jahren („Blattlausjahren") treten sie daher in so großen Mengen auf, daß ihre Schwarmwolken nicht selten den Verkehr behindern. Von ihrer Nahrung, den zuckerreichen Pflanzensäften, können sie einen großen Teil des Zuckers nicht verwerten und scheiden ihn daher in Form kleiner „Honigtau"-Tröpfchen wieder aus. Diese überziehen allmählich die Pflanze, die schließlich wie mit Zuckerlösung besprüht aussieht. Die Blattläuse schaden in erster Linie durch Entzug von Pflanzensäften, der zu Wachstumsstörungen und Deformationen der Pflanzen führt. Verstärkt werden diese Schäden oft dadurch, daß sich auf den Honigtau-Abscheidungen sogenannte Rußtau-Pilze ansiedeln und die Atmung, Assimilation und Transpiration der Pflanze behindern. Besonders gefährlich werden aber viele Blattlausarten durch die Übertragung von Viruskrankheiten. Unter den etwa 700 einheimischen Blattlausarten ist der wohl bekannteste Vertreter die Reblaus. Sie wurde um 1860 von Nordamerika nach Frankreich eingeschleppt und hatte dort bereits 20 Jahre später 500000 Hektar Rebfläche völlig vernichtet. Heute hat sie dank der Fortschritte der Resistenzzucht und der Schädlingsbekämpfung ihren Schrecken verloren.

Von den weiteren Pflanzensauger-Gruppen seien hier nur noch die *Wanzen* genannt. Während die mehrere hundert mitteleuropäischen Arten als Blatt- und Beeren-Sauger nur geringe Schäden hervorrufen, gehören in anderen Ländern Wanzen zu den schlimmsten Schädlingen. Die Getreidewanzen der Gattungen Aelia und Eurygaster sind der Schrecken der Getreideanbauer im Orient. Innerhalb ihres etwa 4 Mill. Hektar umfassenden Hauptbefallsgebietes verursachen sie stellenweise bis zu 70% Ernteverluste.

Die Artenzahl der an oder in den Pflanzen *fressenden* Insekten ist größer als die Zahl aller Schädlinge einschließlich der Krankheitserreger zusammen. Eine ihrer wichtigsten und zugleich ältesten — bereits um 2500 vor Christus in Ägypten abgebildeten — Schädlingsgruppen sind die *Heuschrecken*. Die Vermehrungskraft der in den warmen Gebieten der Erde (Abb. 10) beheimateten

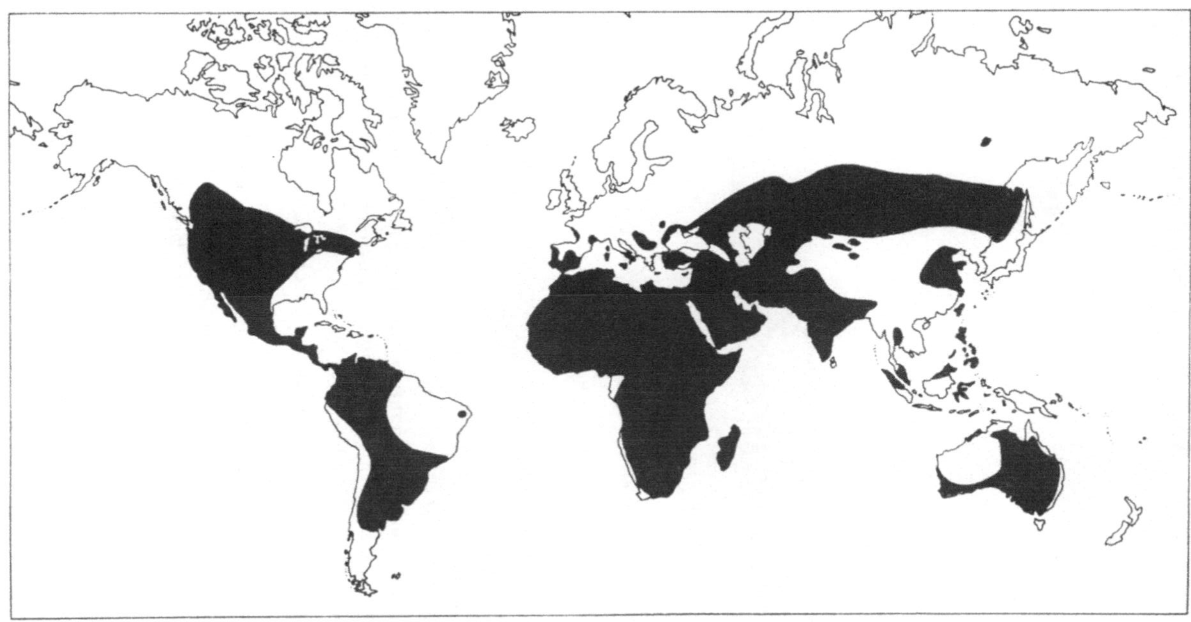

Abb. 10. Befallsgebiete der Wanderheuschrecken. (Nach The Locust Handbook)

Wanderheuschrecken-Arten ist unvorstellbar groß. Ein näher untersuchter Wanderschwarm in Afrika (Abb. 11) hatte einen Umfang von 400 Quadratmeilen mit einer geschätzten Individuenzahl

Abb. 11. Wanderheuschrecken-Schwarm im Sudan. (Nach The Locust Handbook)

von 40 Milliarden. Das Gesamtgewicht dieses Schwarmes berechnete man auf etwa 80000 Tonnen. Einen Begriff von dem durch diesen Schwarm verursachten Schaden vermittelt die Berechnung, daß 1 Tonne Heuschrecken pro Tag eine Pflanzenmenge verzehrt, die zur Ernährung von 250 Menschen ausreichen würde. In einem so relativ kleinen Gebiet wie Marokko betrug in der Saison 1954/55 der Wert der von Wanderheuschrecken vernichteten Kulturpflanzen 4,5 Mill. Pfund Sterling.

Zu den schädlichen *Schmetterlingen* gehören nur relativ wenige Arten der farbenprächtigen Tagfalter. Der schädlichste Tagfalter Europas dürfte der Kohlweißling sein. Bei den meisten schädlichen Schmetterlingen handelt es sich um unscheinbarere und mehr oder weniger versteckt lebende Gruppen wie die Eulen, Spinner, Spanner, Wickler und Motten. Genannt seien der Goldafter-Spinner, dessen behaarte Raupen in den Jahren von 1950 bis 1954 in Europa mehrere Millionen Obstbäume kahlfraßen —

16

der Reiswickler, der allein in Indien die Reisernte jährlich um
etwa 8%, das sind rund 80 Mill. Doppelzentner, vermindert sowie
der Apfelwickler und der Pflaumenwickler, deren Raupen als
Apfel- und Pflaumen-„Maden" allgemein bekannt sind.

Mit den Schmetterlingsraupen oft verwechselt werden die ihnen
ähnlichen Larven der *Blattwespen*, von denen die Stachelbeer- und
die Birnen-Blattwespe dem Obst- und Beerenanbau große Schäden
zufügen können. Beide Arten sind um so unangenehmer, als sie
leicht übersehen werden und durch das schnelle Wachstum ihrer
Larven binnen weniger Tage die Sträucher und Bäume kahlfressen. Der Forstwirt fürchtet vor allem die Nadelholzblattwespen, insbesondere die gemeine Kiefernblattwespe, Diprion pini

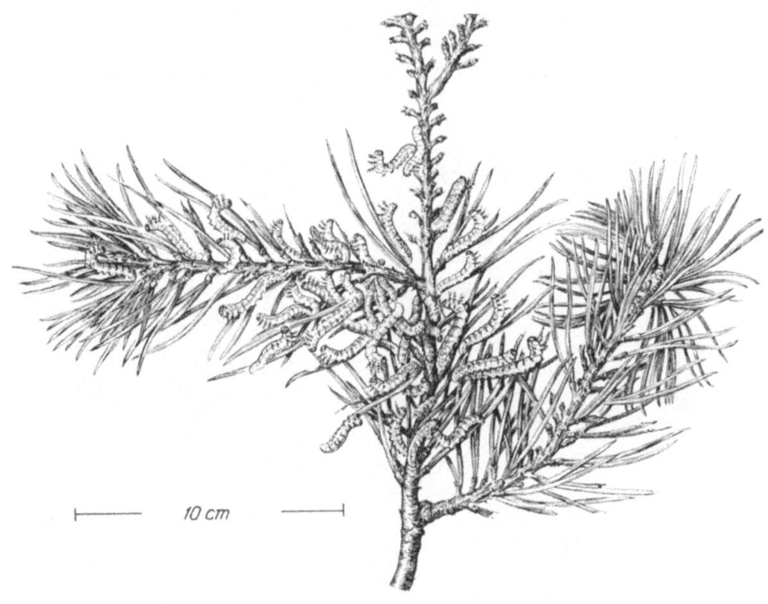

Abb. 12. Larvennest der gemeinen Kiefernblattwespe (Diprion pini)

(Abb. 12), die 1960/61 in Nordbayern mehr als 11000 Hektar
Kiefernwald mit dem Todfraß bedrohte und von Hubschraubern
aus chemisch bekämpft werden mußte.

Abb. 13. Kartoffelkäfer-Weibchen bei der Eiablage, ca. 3fach vergr.
(Nach Bayer Pflschtz.-Kurier)

a

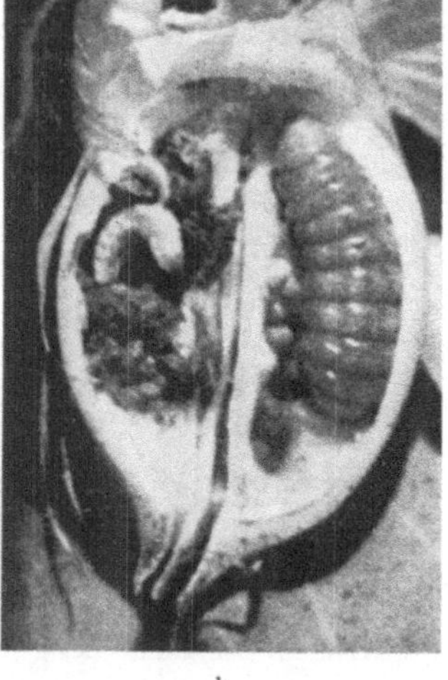

b

Abb. 14a u. b. Baumwollkapselkäfer. a Weiblicher Käfer beim Bohren eines
Loches zur Eiablage, ca. 4fach vergr. (nach Cyanamid-Mitteilungen); b junge
und ältere Larve in einer aufgeschnittenen Baumwollkapsel ca. 5fach vergr.
(Nach Bayer Pflschtz.-Kurier)

Die umfangreichste Insekten-Ordnung sind die *Käfer*, deren Vertreter daher auch in besonders großer Zahl an Kulturpflanzen fressen. Als einheimische Großschädlinge seien hier nur der Kartoffelkäfer und der Maikäfer genannt. Die Bedeutung des um 1920 von Nordamerika nach Europa eingeschleppten und innerhalb dreier Jahrzehnte bis weit nach Osteuropa hinein vorgedrungenen Kartoffelkäfers (Abb. 13) geht daraus hervor, daß er in Bayern 1958 auf 185000 Hektar Kartoffelfläche chemisch bekämpft werden mußte. Der durch Maikäfer-Engerlinge angerichtete Schaden wurde in den dreißiger Jahren, also vor Einführung der modernen Insektengifte, in Deutschland noch auf 100 Mill. RM jährlich beziffert. Heute rechnet man nurmehr mit etwa 5 Mill. DM jährlichem Ernteverlust. Von den schädlichen Käfern anderer Länder ist in den Baumwoll-Anbaugebieten der Baumwollkapsel-Käfer (Abb. 14) besonders gefürchtet. Sein Schaden in den USA betrug in den dreißiger Jahren noch etwa 1 Milliarde Dollar jährlich.

Als letzte Insektenordnung seien die Zweiflügler, das sind die *Mücken* und *Fliegen*, genannt. Zu den Mücken gehören die Schnaken (Tipulidae), deren zarte langbeinige Gestalt in krassem Gegensatz zu der Plumpheit ihrer walzenförmigen Larven (Abb. 15) steht. Letztere leben im Wiesenboden und bringen durch ihren Wurzelfraß oft große Grasflächen zum Vergilben. Die in Rübenblättern minierenden Larven der Rübenfliege (Abb. 16) vernichteten 1957 in Westfalen für 4 Mill. DM Erntegut. Ein Dauerschädling der Oliven-Anbaugebiete Spaniens, Südfrankreichs, Italiens und Griechenlands ist die Olivenfliege. Sie fügt diesen Ländern einen jährlichen Schaden von zusammen 2 Milliarden Goldlire zu.

Unter den *Wirbeltieren* bilden die Samen und Früchte fressenden *Vögel* wie Stare, Sperlinge, Ammern, Tauben und andere eine bedeutende Schädlingsgruppe. Am schädlichsten werden sie in den subtropischen und tropischen Gebieten. Hier treten die zu den Sperlingsvögeln gehörenden Webervögel (Phoceidae), die ihren Namen nach ihren kunstvoll aus Grashalmen gewebten und in den Baumkronen aufgehängten Nestern erhielten, in so großen Schwärmen auf, daß ein Getreidebau ohne ihre Bekämpfung vielerorts unmöglich ist.

Doch werden auch sie noch an Bedeutung übertroffen von den weltweit verbreiteten *Mäusen* (Muridae). Zwar kommen nur we-

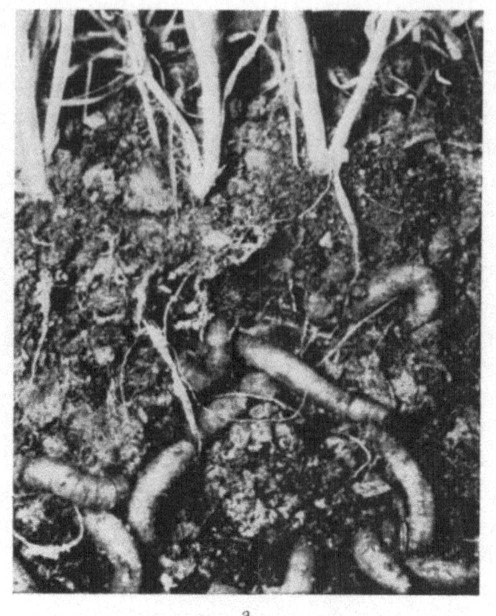

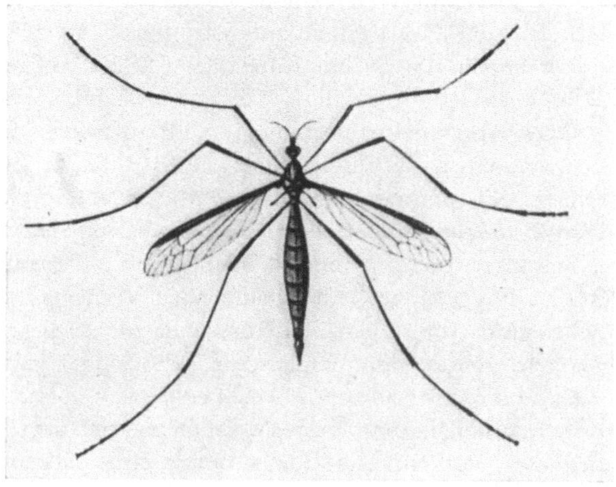

Abb. 15a u. b. Schnake (Tipula spec.). a Larven im Wiesenboden, ca. ½ nat. Gr.; b fertiges Insekt, nat. Gr. (Nach Bayer Pflschtz.-Kurier)

nige der etwa 1800 bekannten Mäuse-Arten in Mitteleuropa vor,
doch ist bereits deren Schaden ernst genug. Die Feldmaus vernichtete in Deutschland zwischen 1901 und 1936 allein an Klee

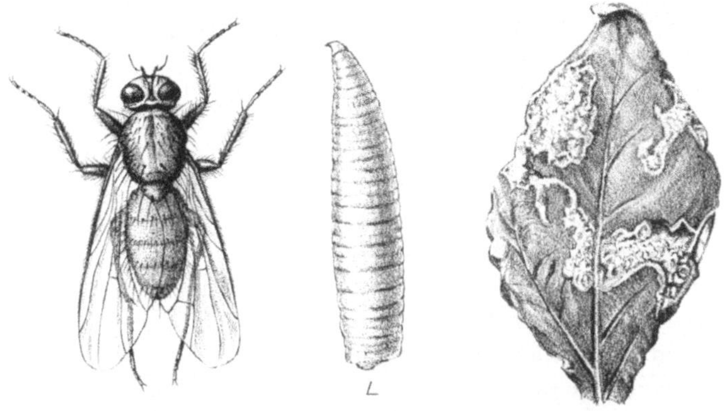

Abb. 16. Rübenfliege, ca. 3fach vergr., L = Larve.

jährlich durchschnittlich über 820000 Zentner im Wert von etwa
60 Mill. RM. Heute ist ihr Schaden dank der modernen Mäuse-
bekämpfung wesentlich geringer.

Schließlich sei noch das *Rot-*, *Schwarz-* und *Rehwild* erwähnt, das
sowohl in der Landwirtschaft durch Fraß auf waldnahen Feldern
als auch in der Forstwirtschaft durch Knospen- und Triebfraß,
Rindenschäden sowie Rindenverletzungen beim Fegen der Geweihe (Abb. 35) schädlich wird.

In vorstehender Übersicht wurde die Bedeutung der Pflanzen-
schädlinge an den von ihnen jährlich verursachten Ernteverlusten gemessen, die für die ganze Welt heute auf 25% mit
einem Wert von 180—200 Milliarden DM geschätzt werden. Mit
diesen ungeheuren Zahlen ist aber dennoch nicht der ganze Schaden erfaßt. Es treten die Bekämpfungskosten von mehreren Milliarden DM jährlich hinzu, sowie die nicht in Zahlen faßbare Ent-
wertung eines erheblichen Teiles des Erntegutes durch Ausscheidungen der Schädlinge, Beeinträchtigung des Geschmacks, Herabsetzung des Zucker-, Eiweiß- und Vitamingehaltes und andere
Veränderungen der Pflanzen und Früchte, auf die meist wenig ge-

21

achtet wird. Sie sind nicht gering zu veranschlagen und wohl auch nicht ohne nachteilige Wirkungen auf die Gesundheit des Menschen und der Haustiere.

2. Der Pflanzenschutzdienst

In allen Ländern gibt es heute einen staatlichen Pflanzenschutzdienst, dessen Aufgabe es ist, die Bevölkerung und die Regierung auf dem Gebiet des Pflanzenschutzes zu beraten und zu unterrichten, Pflanzenschutzmittel und -geräte zu prüfen und anzuerkennen, die Pflanzenbestände zu überwachen, Schutz- und Bekämpfungsmaßnahmen zu leiten sowie neue Verfahren zum Schutz der Kulturpflanzen zu entwickeln. In der Bundesrepublik Deutschland sind die Träger des Pflanzenschutzdienstes die Pflanzen- und Fortschutz-Institutionen der Länder sowie — als übergeordnete Stelle des Bundes — die Biologische Bundesanstalt für Land- und Forstwirtschaft in Braunschweig.

Für die im Pflanzenschutzdienst arbeitenden Fachleute bürgern sich immer mehr die Bezeichnungen „Pflanzenärzte" und „Phytomediziner" ein, weil ihre Arbeit im Prinzip mit derjenigen der Human- und Tierärzte übereinstimmt. Hier wie dort handelt es sich darum, Organismen vor Krankheiten (bzw. Schäden) zu schützen oder von Krankheiten zu heilen, und hier wie dort besteht die Arbeit des Mediziners aus drei Arbeitsgängen. Am Anfang steht die *Diagnose*, die Feststellung, um welche Krankheit oder welchen Schädling es sich überhaupt handelt. Es folgt die *Prognose*, die Vorhersage, welchen Verlauf die Krankheit bzw. Schädlingsvermehrung nehmen wird. Den Abschluß bildet die *Therapie*, die Verwendung von Heilungs- bzw. Bekämpfungsmitteln.

Auch eine Reihe von Vorbeugungsmaßnahmen, die sich gegen die Einschleppung von Krankheiten und Schädlingen richten und unter dem Namen

Quarantäne

zusammengefaßt werden, sind beiden Bereichen gemeinsam. Die von den Regierungen erlassenen Pflanzenquarantäne-Verordnungen erlauben die Einfuhr von Pflanzen und Pflanzenteilen nur dann, wenn diesen ein Gesundheitszeugnis des amtlichen Pflanzenschutzdienstes des Ursprungslandes beigegeben ist und wenn außerdem die Pflanzenbeschau an den Grenzeinlaßstellen bzw. auf den Flugplätzen bei ihnen keinen Schädlingsbefall feststellt.

Trotz aller Wachsamkeit sind jedoch die Quarantäne-Stationen nicht imstande, das Eindringen neuer Schädlinge auf die Dauer zu verhindern, weil es nicht möglich ist, neben den Erntegut-Transporten auch noch die riesige Zahl der Personenfahr- und -flugzeuge einschließlich ihrer Insassen zu untersuchen. So kommt es denn, daß von den ausländischen Schädlingen, die auch in Mitteleuropa lebensfähig sind, sich im Laufe der Zeit eine Art nach der anderen bei uns einbürgert. Trotzdem müssen die Quarantänemaßnahmen beibehalten werden, denn den „vor der Tür stehenden" Schädlingen so lange wie möglich den Einlaß zu verwehren oder die eingedrungenen Schädlinge noch rechtzeitig zu vernichten, bedeutet Gewinne an Erntegut, die unendlich weit über die Kosten der Quarantänemaßnahmen hinausgehen. So war z. B. der Kartoffelkäfer bereits 1877 von Nordamerika nach Europa eingeschleppt worden. Es gelang ihn in diesem Jahre und auch in den folgenden Jahrzehnten, wo er mehrfach in europäischen Küstengebieten auftauchte, immer wieder restlos auszurotten. Erst um 1920 faßte er in Südfrankreich festen Fuß und breitete sich von dort aus.

Melde- und Warndienst

Das „Auge und Ohr" des Pflanzenschutzes sind die zahlreichen Beobachter, die die Felder und Wälder, Gärten, Weinberge und Obstplantagen in kurzen Abständen auf Krankheiten und schädliche Tiere hin kontrollieren und ihre Beobachtungen an die Pflanzen- und Forstschutzdienststellen melden. Diese Beobachter sind teils amtlich tätig, teils auch in der Schädlingskunde ausgebildete Land- und Forstwirte. Ihre Beobachtungen werden von den Pflanzenschutzdienststellen gesammelt, ausgewertet und für den Warndienst verwendet. Letzterer hat das Ziel, die Pflanzenanbauer über die ihren Beständen drohenden Gefahren zu informieren und ihnen Ratschläge über Zeit und Art der notwendigen Bekämpfungsmaßnahmen zu erteilen. Außer auf die Meldungen solcher Beobachter stützen sich die Pflanzenschutzorgane in zunehmendem

Maße auf eigene Überwachungsmaßnahmen. So werden heute z. B. in einigen Obstbaugebieten die Apfel- und Pflaumenwickler („Obstmaden") durch Fang der Falter an ultraviolettem Licht, oder im Acker- und Getreidebau eine Reihe von Krankheiten erregenden Pilzen mittels einer Registrierung ihres Sporenfluges überwacht.

Verbreitungsmittel für die Warnmeldungen sind der Landfunk, die Post, die regionalen Tageszeitungen, Mitteilungen an besonderen Anschlagtafeln, sowie neuerdings auch das Telefon, das unter einer bestimmten Warndienst-Nummer die auf Band aufgenommenen Warnmeldungen wiedergibt. Die bisherigen Erfolge des Melde- und Warndienstes können allerdings nicht darüber hinwegtäuschen, daß das ganze System noch sehr der Verbesserung bedarf. Vor allem bereiten der große Umfang der Überwachungsgebiete und die schwer vorhersagbaren Witterungseinflüsse noch erhebliche Schwierigkeiten.

Am weitesten entwickelt sind Melde- und Warndienst in der Forstwirtschaft, wo die Forstämter außer kurzfristigen Schädlingsmeldungen noch mehrmals im Jahr auf gedruckten Meldebögen über das Auftreten von Krankheiten und Schädlingen berichten und darüber hinaus noch Anfang des Winters die Überwinterungsstadien der wichtigsten tierischen Schädlinge (Eichenzweige mit Eiablagen des Eichenwicklers, Puppen des Kiefernspanners und der Forleule von einer bestimmten Fläche der Waldbodenstreu u. a.) einsenden. Anhand der Auswertung dieser Einsendungen sind Prognosen für das kommende Jahr möglich.

Diagnose und Prognose

Wer da glaubt, daß er den Melde- und Warndienst entbehren könne und selbst in der Lage sei, die Schädlinge zu überwachen und zu bekämpfen, irrt sich zumeist. So wie ein Kranker seine Krankheit im allgemeinen nicht selbst erkennen und behandeln kann, tun auch die Gärtner, Land- und Fortwirte gut daran, beim Auftreten von Schädlingen den Rat eines Pflanzenarztes einzuholen. In Deutschland sind allein 30 000 Insektenarten bekannt, von denen ein großer Teil schädlich wird. Viele dieser Schädlingsarten sehen einander täuschend ähnlich und sind doch in ihrer Lebens-

und Schadensweise sehr verschieden. Sie müssen daher auch auf verschiedene Weise bekämpft werden.

Wichtiger noch als für die Erkennung des Schädlings, die Diagnose, ist die Heranziehung des Pflanzenarztes für die Prognose, das heißt für die Entscheidung darüber, ob im vorliegenden Fall unbedingt bekämpft werden muß und wenn ja: auf welche Weise. Diese Frage ist die wichtigste des Pflanzenschutzes überhaupt. Ihre Beantwortung reicht weit über den jeweiligen Schadensfall hinaus, und nur wenn sie stets fachgerecht beantwortet wird, kann der Pflanzenschutz mit den Problemen, die sich heute vor ihm auftürmen, fertig werden.

Der Pflanzenarzt, der eine Prognose zu stellen hat, steht vor einer schwierigen und verantwortungsvollen Entscheidung. Jede Vorhersage, welches Gebiet sie auch betreffe, hat immer nur einen Wahrscheinlichkeitswert, der um so größer ist, je weniger Zeit zwischen der Vorhersage und dem Vorhergesagten vergeht. Am schwierigsten sind somit die Langfristvorhersagen im Pflanzenschutz, da sie noch durch viele unerwartete Einflüsse zunichte gemacht werden können. Der Pflanzenarzt versucht diese Schwierigkeit dadurch zu überwinden, daß er den betreffenden Schädling überwacht und die Prognose, wenn notwendig, während der Überwachung korrigiert. Um das an einem Beispiel deutlich zu machen sei angenommen, daß ein Forstamt im November auf einer Probesuchfläche von 10 qm Waldboden 80 überwinternde Puppen der Kieferneule gefunden hätte. Auf Grund dieses Ergebnisses muß nun der Pflanzenarzt eine Langfristvorhersage für den kommenden Sommer geben, denn erst im Mai schlüpfen aus diesen Puppen die Falter und legen ihre Eier an die Kiefernnadeln ab, und erst im Juni beginnen die aus den Eiern geschlüpften Raupen in den Kiefernkronen ihren Schadfraß. Zunächst scheidet der Pflanzenarzt von den 80 Puppen die kranken und von Parasiten befallenen aus. In unserem Beispiel seien das 20 Puppen, so daß 60 gesunde Puppen auf 10 qm übrigbleiben, somit 6 pro qm. Diese Zahl wird nun mit der „kritischen Puppenzahl" der Kieferneule verglichen, die auf Experimenten und Freilanderfahrungen beruht und angibt wieviel Puppen pro qm den Kahlfraß und damit den Tod des Kiefernbestandes zur Folge haben. Die kritische Zahl der Kieferneule beträgt für Bayern 4 gesunde Puppen pro qm. Da die gefundene Zahl von 6 Puppen pro qm höher ist als diese kritische Zahl, muß im kommenden Sommer mit einem Kahlfraß gerechnet und eine Bekämpfungsaktion in Aussicht genommen werden. Die Prognose ist dabei auf den für den Fortwirt ungünstigsten Fall abgestellt, daß der Schädling bis zum Juni weder durch die Witterung noch durch Schädlingsfeinde wesentliche Verluste erleidet. Noch immer kann aber gehofft werden, daß etwa schlechtes Wetter im Mai die Eiablage der Falter beeinträchtigt oder daß winzige Schlupfwespen einen großen Teil der Eier anstechen und vernichten. In beiden Fällen wäre der Wald auch ohne Bekämpfung gerettet. Der Pflanzenarzt läßt daher seiner vorläufigen Prognose eine Überwachung des Falterfluges und der Eiablage folgen. Erst wenn auch die Zahl der abgelegten Eier „kritisch" ist, wird die Bekämpfungsaktion zur Rettung des Bestandes eingeleitet.

Bekämpfungs-Überwachung

Bei allen größeren chemischen Bekämpfungen werden die Bekämpfungszeit, die Dosierung und Ausbringung des chemischen Mittels und der Bekämpfungserfolg von Pflanzenärzten kontrolliert. Es stände besser um den Pflanzenschutz, wenn diese Kontrolle bei allen Bekämpfungsaktionen, auch bei den kleinsten, möglich wäre. Erfahrungsgemäß werden gerade hier viele Fehler und Nachlässigkeiten begangen.

Die Beurteilung des Bekämpfungserfolges erfordert viel Erfahrung und ist bei langsamer wirkenden Mitteln oft erst nach einigen Wochen möglich. Grundsätzlich gilt, daß der Bekämpfungserfolg nicht an der Zahl der getöteten, sondern an derjenigen der überlebenden Schädlinge gemessen werden muß. Wenn z.B. bei einer starken Vermehrung der betreffenden Schädlingsart 95% der Individuen durch die Bekämpfung vernichtet wurden und somit hunderttausende abgetöteter Schädlinge den Boden bedecken (Abb. 17), so interessiert nicht diese Zahl an Toten, sondern die Frage, ob die überlebenden 5% in der Lage sind, den Pflanzenbestand noch zu vernichten oder schwer zu schädigen.

Pflanzenschutzforschung

In zahlreichen Instituten der Universitäten und des Pflanzenschutzdienstes wird auf dem Gebiet des Pflanzenschutzes und der

Schädlingsbekämpfung geforscht. Es lassen sich dabei zwei große Forschungsrichtungen unterscheiden.

Die eine Richtung umfaßt die Lebens- und Schadensweise der Schädlinge und Schädlingsfeinde sowie die Ursachen und den Verlauf der Schädlings-Massenvermehrungen. Je mehr man hierüber

Abb. 17. Tote und sterbende Larven der Kiefernblattwespe Diprion pini nach Begiftung, am Fuß eines Kiefernstammes. (Nach Rettich)

weiß, desto besser ist der Bekämpfungserfolg. Insbesondere interessieren die Ursachen der Schädlingsvermehrungen. Gelingt es sie zu erkennen, eröffnet sich damit die Möglichkeit, die Schädlingsplagen zu verhindern anstatt — wie es die Schädlingsbekämpfung heute in der Regel tut — nur ihre Symptome zu beseitigen.

Die andere Forschungsrichtung stellt die Bekämpfung in den Mittelpunkt. Sie untersucht die Wirkungen der Bekämpfungsmaßnahmen auf die Schädlinge und ihre Feinde sowie auf die übrigen Organismen, einschließlich des Menschen, und versucht die Bekämpfungsmittel und -verfahren zu verbessern. Auch auf diesem fast unübersehbaren Forschungsfeld bleibt noch sehr viel zu tun. Die Praxis der Schädlingsbekämpfung sowie die Forschungen über die Bekämpfungstechnik sind in den letzten Jahrzehnten infolge der Notwendigkeit, schnelle Erfolge zu erzielen, der biologischen Grundlagenforschung weit vorausgeeilt. Es ist dringend

erforderlich geworden, mit Hilfe breit angelegter Forschungen
erst einmal das Fundament für die praktische Schädlingsbekämpfung zu sichern.

Pflanzenschutzmittel-Prüfung und -Überwachung

Um die Pflanzenanbauer vor untauglichen oder gefährlichen
Bekämpfungsmitteln zu schützen, wurde die amtliche Pflanzenschutzmittel-Prüfung und -Anerkennung eingeführt.

Jedes von der chemischen Industrie entwickelte Bekämpfungsmittel muß zunächst von einem staatlichen Hygiene-Institut untersucht und für die menschliche Gesundheit — bei Einhaltung der
notwendigen Vorsichtsmaßnahmen — als unbedenklich befunden
werden. Danach beantragt die Firma bei der Biologischen Bundesanstalt Braunschweig die gesetzlich vorgeschriebene amtliche Anerkennung des Mittels. In einigen Fällen, wie z. B. bei Karbolineen
und chlorathaltigen Unkrautbekämpfungsmitteln, erteilt die Biologische Bundesanstalt die Anerkennung auf Grund sogenannter
Normen. In der Regel wird jedoch das eingereichte Präparat zur
biologischen Prüfung an eine Anzahl Pflanzenschutzdienststellen
in verschiedenen Teilen der Bundesrepublik weitergeleitet. Anhand
der Ergebnisse dieser mehrjährigen Labor- und Freilandprüfungen
entscheidet dann ein Prüfungsausschuß der Biologischen Bundesanstalt über die Gewährung oder Verweigerung der amtlichen
Anerkennung. Im Prinzip das gleiche gilt für die Entwicklung,
Prüfung und Anerkennung von Pflanzenschutzgeräten.

Amtlich anerkannte Pflanzenschutzmittel, die auf der Verpak-
kung und in Werbeschriften durch das amtliche Anerkennungs-
zeichen (eine an einer Ähre sich emporwindenden Schlange,
Abb. 18) gekennzeichnet sind, bieten die Gewähr sowohl für einen
Bekämpfungserfolg, als auch — bei Einhaltung der Gebrauchs-
und Vorsichtsvorschriften — für die Erhaltung der menschlichen
Gesundheit, soweit das nach dem heutigen Stand des Wissens be-
urteilt werden kann. Die anerkannten Mittel und Geräte werden
in einem jährlich erscheinenden amtlichen Pflanzenschutzmittel-
Verzeichnis veröffentlicht. In diesem Verzeichnis ist bei jedem
Mittel auch dessen Einstufung durch das Bundesgesundheitsamt
und die Biologische Bundesanstalt in die Giftabteilung 1, 2 oder 3

angegeben, die auch auf der Handelspackung gekennzeichnet sein
muß. Präparate der Giftabteilung 1 und 2, wie z.B. Quecksilber-
haltige Fungizide oder bestimmte organische Insektizide, dürfen

Abb. 18. Zeichen der Biologischen Bundesanstalt für die Prüfung
und Anerkennung eines Bekämpfungsmittels

beim Händler und Verbraucher nur in verschlossenen Giftschrän-
ken aufbewahrt und nur gegen behördliche Erlaubnis verkauft
werden.

Die Biologische Bundesanstalt hat nicht nur die Aufgabe, die
Pflanzenschutzmittel anzuerkennen, sondern auch die anerkannten
Präparate in ihrer Zusammensetzung zu überwachen. Sie ent-
nimmt zu diesem Zweck aus der laufenden Produktion Stichpro-
ben und vergleicht ihre Zusammensetzung mit der amtlich anerkannten.

3. Physikalische Bekämpfung

Nachdem in den vergangenen zwei Kapiteln die Vielfalt und die
wirtschaftliche Bedeutung der Schädlinge sowie die mit der Schädlingsbekämpfung verbundenen organisatorischen Fragen behandelt wurden, sollen nun in den folgenden Kapiteln die möglichen
und gebräuchlichen Verfahren zur Schädlingsbekämpfung betrachtet werden. Unter „Bekämpfung" sind dabei nicht nur Maßnahmen zu verstehen, die auf die Vernichtung der Schädlinge ab-
zielen, sondern auch solche, die Schädlinge von den Kulturpflanzen fernhalten oder sie erst gar nicht zur Vermehrung kommen

lassen. Ob man Millionen Raupen abtötet, noch ehe sie stärkeren Schaden verursachen, oder ob man eine schädlingsresistente Pflanzensorte anbaut: in beiden Fällen ist das gleiche Ziel, Schaden zu verhüten, erreicht. In dem hier betrachteten wirtschaftlichen Sinne schließt die Schädlingsbekämpfung somit die Schadensverhütung ein.

Sofern die unmittelbare Wirkung einer Bekämpfungsmaßnahme auf mechanischen akustischen, thermischen oder anderen physikalischen Prinzipien beruht, spricht man von physikalischer Bekämpfung.

Zunächst kann man mit derartigen Methoden dort wo eine Vernichtung der Schädlinge schwer möglich, oder wie z. B. beim Wild nicht beabsichtigt ist, die

Fernhaltung

der Schädlinge versuchen. Hierfür sind *Zäune* das bekannteste Beispiel. In zunehmender Zahl werden heute die „mechanischen" Zäune durch elektrisch wirkende ersetzt. Diese bestehen nur mehr aus wenigen mit einer Schwachstromquelle verbundenen Drähten, deren elektrische Schläge das zu den eingezäunten Feldern strebende Wild zur Umkehr veranlassen.

Andere mechanische Maßnahmen zur Fernhaltung des Wildes werden in der Forstwirschaft angewandt, um das Abbeißen von Knospen, Schälen von Rinden sowie Verletzen der Stämme durch Fegen, d. h. Reiben der Geweihstangen an jungen Bäumen, zu verhindern. Man umstellt zu diesem Zweck die gefährdeten Stämme mit Pfählen oder umwickelt ihre Stämme bis etwa zwei Meter Höhe mit Metallbändern, Glaswatte und anderen schützenden Materialien.

Von Gärtnern oft verwendete mechanische Hindernisse sind die *Kohlkragen*: Scheiben aus Teerpappe mit einem bis zur Mitte reichenden Einschnitt, die man um den Stengel junger Kohlpflanzen als Schutz gegen Kohlfliegenbefall legt. Die Fliegen werden durch die Scheiben daran gehindert, ihre Eier an den untersten Stengelteil in Höhe der Erdoberfläche abzulegen. Die gleiche Wirkung wird erzielt, wenn man die Stengel der Kohlsetzlinge vor dem Auspflanzen mit Lehmbrei bestreicht. Der mit erhärtetem Lehm überzogene Stengel wird von der Kohlfliege nicht mehr als Eiablegeort wahrgenommen und bleibt befallsfrei. Spargelpflanzen kann man vor der Eiablage der Spargelfliege schützen, indem man ihre Stengel mit Papphülsen umgibt.

Auch auf optischem und akustischem Wege ist in Form einer Abschreckung die Fernhaltung von Schädlingen möglich. Hierher gehören die mannigfaltigen Arten von *Vogelscheuchen*, die man immer zuerst anwenden sollte ehe man zu Vernichtungsmaßnahmen greift. Die optisch wirkenden Vogelscheuchen sind meist tote Raubvögel oder Attrappen verschiedener Art. Die geringsten Erfolge hat dabei ohne Zweifel der aus Holzkreuz, Hut und Jacke bestehende „künstliche Mensch". An ihn und andere unbewegliche Attrappen gewöhnen sich die Vögel am schnellsten. Besser wirkt

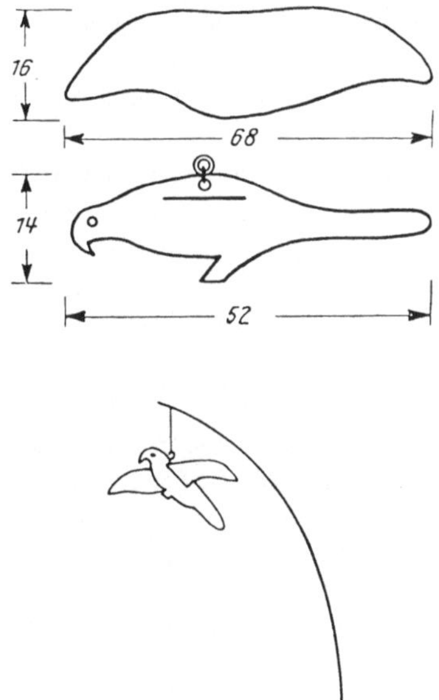

Abb. 19. Optische Vogelscheuche: Habichtsattrappe. (Nach K. MANSFELD)

die Nachahmung eines fliegenden beweglichen Habichts, des gefürchtesten Feindes der meisten Vögel. Die aus Holz oder Blech bestehende Attrappe (Abb. 19) wird etwa eineinhalb Meter über dem zu schützenden Objekt an einem dünnen Draht aufgehängt. Die Krähen und Elstern trauen sich an dieses Gebilde nicht näher als etwa 40 m heran. Bei Star und Drosseln wirkt es nur auf 5 m Entfernung und bei Kleinvögeln unter Starengröße eigentümlicherweise überhaupt nicht. In jedem Fall passen sich die Vögel aber bald an optische Scheuchen an. Man kann die Abschreckwirkung dann durch einen Wechsel mit einem anderen Vogelscheuchentyp verlängern.

Als akustische Vogelscheuchen werden Schreckschüsse, Klappern und andere Geräuschinstrumente seit langem verwendet. Sofern sie gleichmäßige Geräusche hervorbringen, gewöhnen sich auch hieran die Vögel schnell. Befriedigende Erfolge erbrachten in Obstanlagen mit Uhrwerken versehene Läutewerke, die in Abständen ein scharfes Klingeln ertönen lassen oder mit Gasflaschen verbundene, von Zeit zu Zeit einen schußähnlichen Knall erzeugende Vogelscheuch-„Kanonen". In den letzten Jahren hat man gute Erfahrungen mit *Schallplatten* und Tonbändern gemacht, die durch Wiedergabe von Angst- und Warnlauten schädliche Vogelarten, insbesondere die Stare, vertreiben. Einige Weinbaugebiete sind bereits mit einem Netz von Lautsprechern versehen, die an ein zentrales Tonbandgerät angeschlossen sind. Das ganze Gebiet wird von einem Turm aus mit dem Fernglas beobachtet. Sobald ein Starenschwarm (der nicht selten 10000 und mehr Stare umfaßt) in einen Weinberg einfällt, ertönt aus dem dort aufgestellten Lautsprecher — durch Knopfdruck auf einer Schalttafel ausgelöst — der Angstschrei der Stare, der den gesamten Schwarm zur Flucht veranlaßt. Eine Gewöhnung der Stare ist dabei bisher noch nicht beobachtet worden.

Sofern eine Schadensverhütung mit Fernhaltungsmaßnahmen nicht möglich ist und die Schädlinge daher vernichtet werden müssen, kann das oft schon durch

Absammeln

geschehen. Vor Einführung der modernen chemischen Bekämpfungsverfahren, also noch bis vor einigen Jahrzehnten, war das Absammeln und anschließende Vernichten von Schädlingen weit verbreitet. So wurden z.B. im Kanton Zürich 1909 von der Be-

völkerung etwa 700000 Liter Maikäfer gesammelt. Für ein Liter-
maß voll Käfer, das sind ungefähr 500 Stück, wurde eine Geld-
prämie gezahlt. Zum Sammeln kleinerer Schädlinge wie z.B. des
Rapsglanzkäfers konstruierte man vielfältige Sammelgeräte vom
einfachen Trichter (Abb. 20) bis zur Insekten-„Abfegemaschine",
deren Bodenbretter mit Leim bestrichen waren (Abb. 21).

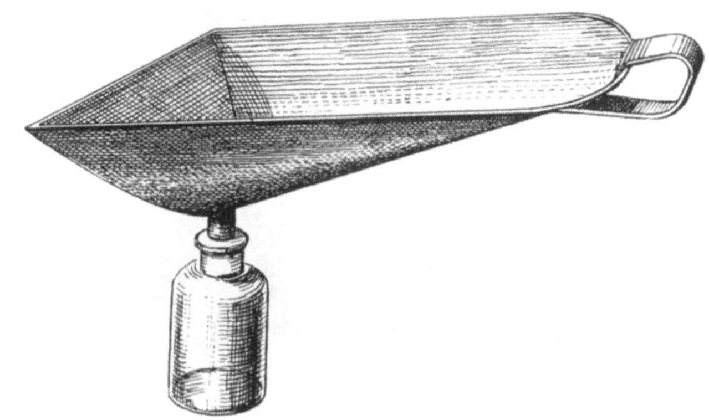

Abb. 20. Trichter-Sammelgerät. (Nach G. Rörig)

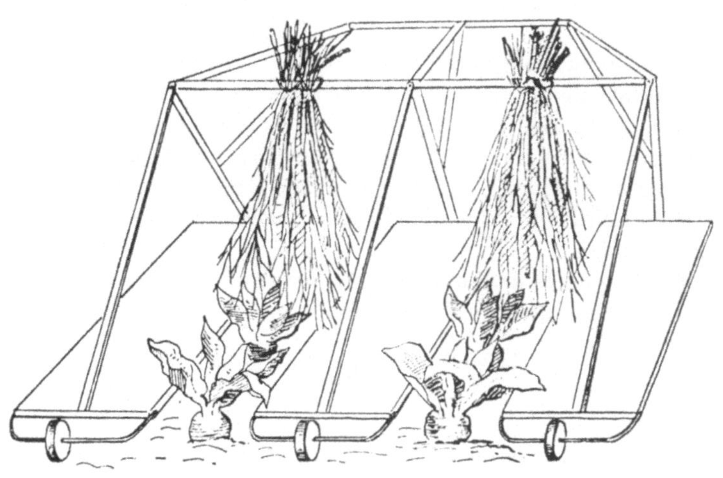

Abb. 21a
Abb. 21a u. b. Insekten-Abfegeapparat. a Von vorn; b von der Seite. (Nach
G. Rörig)

In manchen Fällen wurde das Sammeln der Schädlinge mit einem Anlockverfahren verbunden, wie in der Forstwirtschaft, wo man in Fichtenkulturen frische Fichtenrinden auslegte, an denen sich

Abb. 21 b

der Große Braune Rüsselkäfer, Hylobius abietis, ansammelte. Heute bedient man sich des Absammelns nur noch dort, wo Schädlinge kleinräumig, gut sichtbar und erreichbar auftreten, wie etwa bei Kohlweißlingsraupen im Garten oder bei einzelnen Blattlauskolonien, die man nach wie vor am sichersten durch Zerdrücken mit einem alten Handschuh vernichtet. Bei umfangreicheren und stärkeren Schädlingsvermehrungen dagegen hat sich die Sammelmethode als nicht ausreichend bzw. als technisch nicht durchführbar erwiesen.

Ein besonders umfangreiches Gebiet der physikalischen Schädlingsbekämpfung ist die Verwendung von

Fallen

also von Einrichtungen zum Fang der Schädlinge. Am Boden laufende Schädlingsarten, wie z.B. den Getreidelaufkäfer, den Rübenderbrüßler und viele andere, fing man früher in *Gräben* und Löchern. Eingegrabene *Gläser* bilden auch heute noch ein gutes Mittel zum Fang der mit ihren schaufelförmigen Vorderfüßen und

34

ihrem dichten Haarpelz wie kleine Maulwürfe aussehenden Maulwurfsgrillen. Die an den Pflanzenwurzeln fressenden Grillen fallen beim Durchwühlen des Erdbodens dicht unter der Erdoberfläche in die etwas tiefer eingegrabenen Gläser.

Derartige, noch ganz auf den Zufall abgestellte Fangverfahren werden übertroffen von Fallen, die mit einem *Anlockverfahren* verbunden sind, und sich somit die verschiedenen Triebe der Tiere zunutze machen. So hat z.B. die soeben genannte Maulwurfsgrille (Abb. 22) den Trieb, im Frühsommer ihre Eier in besonders

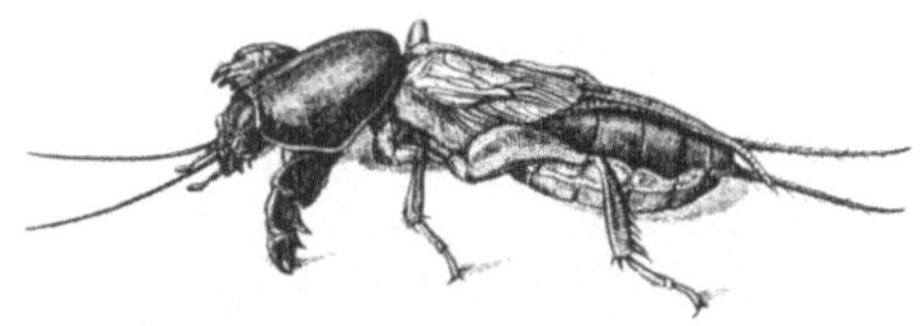

Abb. 22. Maulwurfsgrille; ca. ½ nat. Gr.

trockene und warme Stellen des Erdbodens abzulegen. Gräbt man daher etwas Torf oder Pferdemist etwa 20 cm tief in einen von Maulwurfsgrillen bewohnten Boden ein, kann man ziemlich sicher sein, daß die Grille in diesem, die Wärme besonders gut haltenden Substrat ihre Eier ablegt. Da die nach etwa zwei Wochen schlüpfenden jungen Grillen noch 6 bis 8 Wochen unter der Obhut der Mutter in diesem Nest beisammenbleiben, kann man Ende Juli oder Anfang August die ganze Brut ausgraben und vernichten.

Gleichfalls auf den Bruttrieb gründet sich die Methode der Borkenkäfer-*Fangbäume*. Die eigens zu diesem Zweck frisch gefällten Bäume entwickeln einen Duft, der den Borkenkäfern die Bruttauglichkeit des Holzes anzeigt und sie zur Eiablage anlockt. Nach Beendigung der Eiablage werden die Stämme entrindet. In den schnell austrocknenden Rindenstücken bzw. auf der Oberfläche des Holzes sterben die Schädlings-Eier und Larven ab.

Auf dem Trieb der Obstmaden, sich im Herbst an geschützten Stellen zu verpuppen und dort zu überwintern, sind die bekannten *Fanggürtel* der Obstbäume gegründet. Sie bestehen aus Wellpappe und bieten nicht nur den Obstmaden, sondern auch den nützlichen Marienkäfern, Spinnen und vielen anderen Kleintieren Unter-

schlupf. Wenn man daher am Ende des Winters die Gürtel ab-
nimmt und verbrennt, vernichtet man zugleich viele Schädlingsfeinde, was den Wert des Verfahrens beträchtlich mindert. Eine
andere Art von Obstbaumringen, die *Leimringe*, haben diesen
Nachteil nicht. Sie wirken allerdings nicht gegen die Obstmaden,
sondern nutzen den Trieb der im Boden als Puppe überwinternden
flügellosen Frostspannerweibchen aus, im Frühjahr zur Eiablage
in den Kronen an den Obstbäumen emporzusteigen. Auf diesem
Weg bleiben sie in Massen an den Leimringen kleben. An vier
solcher Leimringe wurden einmal 308 weibliche Frostspanner
gezählt, die bei günstigen Bedingungen über 100 000 Raupen als
Nachkommen gehabt hätten.

Versuche, den Lichttrieb von Schädlingen zu verwenden, um sie
mit *Lampen* anzulocken und an ringsum aufgestellten Leimtafeln
zu fangen, haben sich nur zur Überwachung der Flugzeit, nicht
aber als Bekämpfungsmittel bewährt. Der auf diese Weise vernichtete Teil der Schädlings-Population war bei allen Versuchen
unzureichend.

Auf dem Nahrungstrieb schließlich beruhen die mannigfaltigen
mechanischen Fallen mit Fraßködern zum Fang schädlicher Vögel
und Säuger, insbesondere Nager. Unter den *Spatzenfallen* ist die
Bügelfalle die gebräuchlichste, die ein Bügelnetz über die mit
Körnern angelockten Spatzen zuschnappen läßt. Bei den *Mäuse-*
fallen sind die wichtigsten Typen die Kippfallen mit ihren kippbar

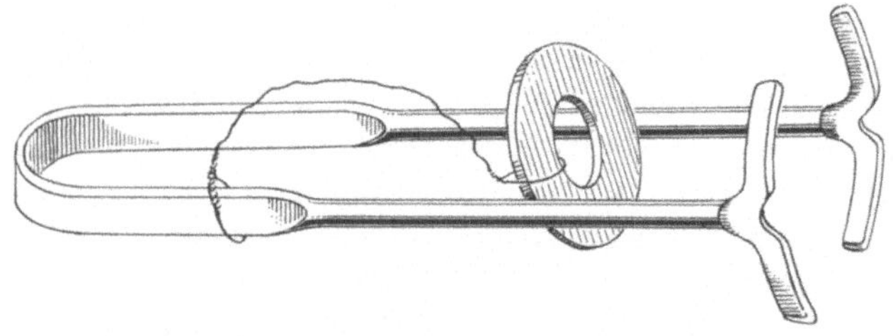

Abb. 23. Zangenfalle, gespannt.

eingesetzten Falltüren oder „Wippen" — die Stich- und Zangenfallen (Abb. 23), in denen die Mäuse durch zusammenklappende
Metallarme getötet werden —, die Schlag- oder Bügelfallen, bei

36

denen ein Bügel die Schädlinge erschlägt, und die Kastenfallen mit 1 oder 2 Falltüren. Zur Abwendung kleinräumiger Vogel- und Nagerschäden haben die Fallen sich bis heute behauptet.

Hitze

wird in der Schädlingsbekämpfung hauptsächlich in Form von *Wasserdampf*, also feuchter Wärme, zur Bodenentseuchung verwendet. Zahlreiche Schäden an unseren Kulturpflanzen haben ihren Ursprung in dem mit Krankheitserregern oder tierischen Schädlingen verseuchten Erdboden, wie z. B. die Kohlhernie, deren Erregerpilz 4 bis 6 Jahre lang im Boden infektiös bleibt, oder das Welken und Absterben vieler Kulturpflanzen infolge von Wurzelbeschädigungen durch Engerlinge, Drahtwürmer (Abb. 24) und andere wurzelfressende Gliederfüßler. Eine völlige Abtötung aller im Boden lebenden Schädlinge kann am sichersten durch Desinfektion des Bodens mit Wasserdampf erreicht werden. Der verseuchte Boden wird dabei auf Dämpfrosten, bestehend aus Dampfleitungsrohren mit zahlreichen kleinen Öffnungen, aufgehäuft. Auch mit senkrechten Dampfrohren

Abb. 24. Drahtwurm (Schnellkäfer-Larve), ca. 2fach vergr. (Nach F. Schaller)

in Form von Dämpfeggen (Abb. 25) kann die Entseuchung vorgenommen werden. Im einfachsten Fall kann man sogar kleine Erdmengen in einem alten Waschkessel entseuchen, in dessen unterstem Teil Wasser und darüber, über einem Siebeinsatz, die Erde gefüllt wird (Abb. 26). Da die Dämpfverfahren recht kostspielig sind, werden sie nur bei hochwertigen Spezialkulturen, vor allem im Garten- und Zierpflanzenbau angewendet.

Das Übergießen des verseuchten Erdbodens mit *Heißwasser* ist längst nicht so wirksam wie die Anwendung von Wasserdampf. Doch hat die Heißwasser-Behandlung auf einigen anderen Gebieten des Pflanzenschutzes Bedeutung erlangt, insbesondere bei der

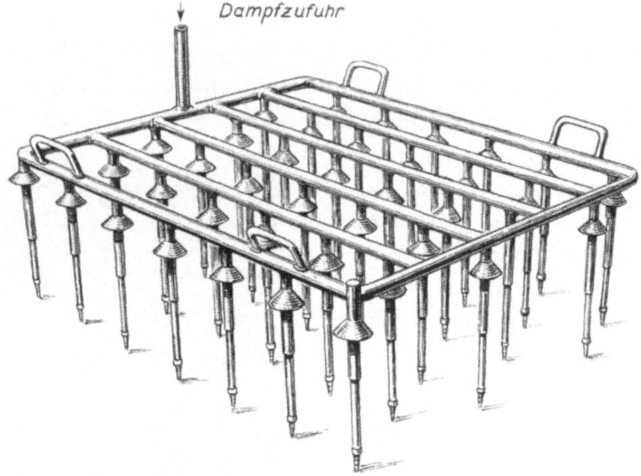

Abb. 25. Dämpfegge. (Nach W. Kotte)

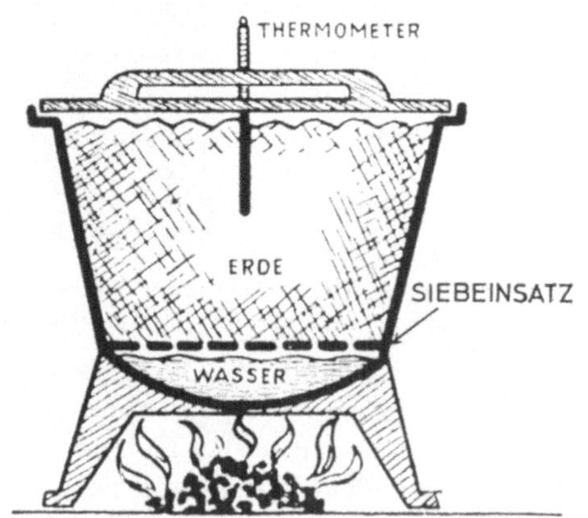

Abb. 26. Waschkessel als Erddämpfgerät. (Nach H. Pape)

Beizung von Getreidekörnern. Man versteht unter „Beizung" die Befreiung des Saatgutes von anhaftenden Krankheitserregern mit

Hilfe von Heißwasser oder Chemikalien. Zur Bekämpfung z. B. des Weizenflugbrandes, werden die Weizenkörner 4 Std. lang in Wasser von 20 bis 30 °C vorgequellt und sodann 10 min lang in 50 bis 52 °C heißes Wasser getaucht, wobei die Pilzsporen abgetötet werden. Diese Temperatur muß sehr genau eingehalten werden: bei über 52° treten Keimschädigungen ein, während bei unter 50° der Pilz nicht vollständig getötet wird.

Was endlich die Anwendung von

Elektrizität und Strahlen

betrifft, so bildet sie vorläufig noch ein intensiv bearbeitetes Forschungsgebiet des Pflanzenschutzes, auf dem bisher noch keine praxisreifen Verfahren entwickelt werden konnten. Am ältesten sind die Versuche, mittels elektrischer Wellen die unter der Rinde und im Holz von Bäumen lebenden Insekten abzutöten. Bereits 1784 versuchte der Physiker BERTOLON auf diese Weise den „Holzwurm in Wäldern" zu vernichten. Die bis heute nicht überwundene Schwierigkeit des Verfahrens liegt darin, nur die Schädlinge und nicht zugleich den Baum zu töten bzw. zu schädigen.

Zusammenfassend kann man zur physikalischen Schädlingsbekämpfung feststellen, daß mit Hilfe ihrer Verfahren auch heute noch in zahlreichen Fällen Kulturpflanzenschädlinge abgeschreckt, gefangen oder vernichtet werden können. Zur weiträumigen Bekämpfung der sogenannten Großschädlinge unter den Unkräutern, Krankheitserregern und schädlichen Tiere aber, deren Massenvermehrungen in erster Linie die Ernten bedrohen, sind sie nicht imstande. Jahrtausendelang, bis ins 19. Jahrhundert hinein, hatten die physikalischen Verfahren mangels wirksamerer Mittel innerhalb der Schädlingsbekämpfung eine Vormachtstellung. Seitdem sind sie von den chemischen Bekämpfungsmaßnahmen immer mehr zu einem Randgebiet der Schädlingsbekämpfung degradiert worden.

4. Chemische Bekämpfung

In den weitaus meisten Fällen werden heute Kulturpflanzenschädlinge chemisch bekämpft. Die chemischen Bekämpfungsmittel wirken dabei entweder als Gifte oder in geringer Anzahl auch als Anlock- oder Abschreckstoffe auf die Schädlinge ein.

Was sind Gifte und wie wirken sie?

„Gifte" nennt man Substanzen, die in bestimmte Körpergewebe eindringen und durch Veränderung der Zellfunktionen zu einer Störung oder gar Stillegung der Gesamtfunktion des Körpers führen. In diesem Sinne können sehr viele unserer Nahrungs- und Genußmittel, genannt seien nur Kaffee, Alkohol, Kochsalz oder Zucker, zu Giften werden, wenn wir sie in genügend großer Menge zu uns nehmen. Andererseits verlieren viele als „Gifte" bekannte Stoffe wie Arsenik, Digitalis, Tollkirsche und andere, ihre Giftwirkung, sobald sie in sehr geringer Dosis dem Körper zugeführt werden. Man verwendet sie dann sogar vielfach in der Medizin als Heilmittel.

Die Begriffe „Gift" und „Dosis" gehören somit eng zusammen, allerdings nicht so eng, wie man lange Zeit glaubte. Der bekannte Ausspruch des Paracelsus, daß allein die Dosis darüber entscheide, ob eine Substanz ein Gift sei, ist nach neueren Erkenntnissen nicht mehr haltbar, zumindest nicht in dem bisher verstandenen Sinne, daß es auf die Dosis dieser Substanz zum Zeitpunkt ihrer Aufnahme in den Körper ankomme. Wir wissen heute, daß zwar die meisten bekannten Gifte *Dosisgifte* im Sinne des Paracelsus sind, daß es aber auch Substanzen gibt, die zum Zeitpunkt ihrer Aufnahme in den Körper ungiftig sind und erst nach Speicherung und Anreicherung (Kumulation) im Körper eines Tages Giftwirkung erlangen. Mit der Frage, ob zu diesen *Kumulationsgiften* auch manche unserer heute gebräuchlichen Pflanzenschutzmittel gehören, werden wir uns im nächsten Kapitel beschäftigen.

Die tödliche Dosis (Dosis letalis oder DL) einer chemischen Verbindung ist für jede Organismenart, ja sogar für jedes einzelne Individuum, verschieden. Zur Kennzeichnung der Giftigkeit (Toxizität) eines Pflanzenschutzmittels verwendet man daher als Maßzahl eine mittlere tödliche Dosis, die DL 50, bei der im Experiment 50% der Individuen der betreffenden Schädlingsart absterben. Auf Grund der spezifischen Empfindlichkeit der Schädlingsarten und -gruppen gegenüber den verschiedenen Giften hat

40

man für jede Schädlingsgruppe eine bestimmte, maximal giftig wirkende Bekämpfungsmittel-Gruppe gefunden und sie durch Anhängen der Silbe „zide" an den Wortstamm des Schädlingsnamens gekennzeichnet: *Fungizide* (fungi = Pilze), *Herbizide* (herba = Pflanze), *Nematizide* (Nematodes = Fadenwürmer), *Insektizide* und andere. Alle zusammen werden in den englisch sprechenden Ländern „Pestizide" genannt, ein Name, der sich im deutschen Sprachbereich wohl deshalb nicht recht ausbreiten will, weil der Wortstamm „pest" im Englischen (=„Schädling") eine ganz andere Bedeutung als im Deutschen hat.

Bei den in der Land- und Forstwirtschaft verwendeten chemischen Mitteln handelt es sich niemals um reine Gifte (Wirkstoffe), sondern um Gemische aus *Wirkstoffen* und *Beistoffen*. Letztere sind Lösungsmittel oder Trägerstoffe oder dienen zur Erhöhung der Verteilungs- und Haftfähigkeit.

Die Wirkungsmechanismen der chemischen Pflanzenschutzmittel, die in den Körper der Organismen bei der Nahrungsaufnahme (Fraßgifte), beim Atmen (Atemgifte) oder durch die Haut (Kontaktgifte) gelangen, sind noch weitgehend unbekannt, obwohl die Forschungen gerade auf diesem Gebiet besonders intensiv betrieben werden. Von manchen Insektiziden wie dem DDT, HCH und den Phosphorsäure-Estern weiß man, daß ihre Giftwirkung über eine Hemmung von Fermenten verläuft. Beim Menschen führt diese Fermentblockierung z.B. durch E 605 und verwandte organische Phosphorverbindungen zu Erbrechen, Atemnot und anderen Störungen, die in schweren Fällen tödlich enden. Bei Insekten dagegen bewirkt E 605 einen schnellen Schwund der Blutflüssigkeit, so daß im Körper tödlich vergifteter Tiere kein Blut mehr enthalten ist.

Epochen der chemischen Bekämpfung

Die Verwendung chemischer Mittel zur Bekämpfung von Kulturpflanzenschädlingen ist so alt wie der Kulturpflanzenbau. Selbstverständlich konnte es sich dabei — solange es noch keine naturwissenschaftliche insbesondere chemische Forschung gab — nur um eine auf Zufällen und Probieren gegründete primitive chemische Bekämpfung handeln. So bestrich man etwa die von

Schädlingen befallenen Pflanzen mit Jauche oder Harn oder versuchte, die Schädlinge durch Abbrennen von Rinderkot, Hirschhorn und anderen übelriechenden Substanzen zu vertreiben oder zu töten. Wir können diese erste bis ins 17. Jahrhundert reichende Periode als die *Früh-Epoche* der chemischen Schädlingsbekämpfung bezeichnen.

In dem Maß, wie naturwissenschaftliches Denken und Forschen an Boden gewannen, erhielt auch die chemische Bekämpfung eine wissenschaftliche Grundlage. Um 1640 wurde die Saatgutbeizung mit Arsen bekannt, 1653 die Giftwirkung des Schwefels gegen Bodenschädlinge und Pilze sowie 1697 die fungizide Wirkung von gelöschtem Kalk entdeckt. 1744 verwendete man Kupfervitriol zur Getreidebeizung, 1783 Schwefelrauch gegen Forleulenraupen und 1868 ein Kupfer-Arsen-Salz (Schweinfurter Grün) gegen den Kartoffelkäfer in Nordamerika. Die aus diesen Stichworten hervorgehende Verbreitung von anorganischen, insbesondere metallhaltigen Verbindungen innerhalb des Pflanzenschutzes erreichte ihren Höhepunkt in den ersten vier Jahrzehnten des 20. Jahrhunderts, wo Quecksilber-, Kupfer- und Arsenverbindungen die chemische Bekämpfung von Pflanzenkrankheiten und schädlichen Tieren beherrschten. Die Zeit zwischen 1640 und 1940 kann daher als die *Epoche der anorganischen Bekämpfungsmittel*, vor allem der Metallverbindungen, genannt werden. Hygienisch und biologisch betrachtet, wurde diese Epoche mit zunehmender Ausdehnung der chemischen Bekämpfung immer bedenklicher. Vor allem das wichtigste Insektizid, das Arsen, wirkte auch auf Mensch, Haustier und Wild stark giftig und führte zu zahlreichen Unfällen und schleichenden Krankheiten. Der Ruf nach weniger giftigen Pflanzenschutzmitteln wurde daher immer lauter.

Das Jahr 1939 brachte mit der Entdeckung der insektiziden Wirkung des Dichlor-diphenyl-trichloräthans (DDT) durch den Schweizer PAUL MÜLLER den Durchbruch zu chemischen Bekämpfungsmitteln, die für die Schädlinge wesentlich giftiger, für den Menschen und andere Warmblüter dagegen wesentlich weniger giftig als die Arsenpräparate sind. MÜLLER erhielt für seine epochale Entdeckung allein schon deshalb mit voller Berechtigung den Nobelpreis, weil in den Kriegsjahren 1940—1945 Millionen von Soldaten durch Mücken- und Läuse-Bekämpfung mit DDT vor Malaria, Flecktyphus und anderen durch diese Insekten übertragenen Seuchen bewahrt werden konnten.

Dem DDT folgten in schneller Reihenfolge weitere, für Warmblüter wenig giftige organische Schädlingsgifte, die zum Unterschied zu einigen bereits früher aus Pflanzen gewonnenen organischen Giften, wie Nikotin und Pyrethrum, synthetisch hergestellt werden. Die um 1940 mit dem DDT eingeleitete dritte Periode der chemischen Bekämpfung, in der wir uns heute befinden, kann man als die *Epoche der synthetisch-organischen Bekämpfungsmittel* bezeichnen. Die Gründe, warum die Menschheit trotz der Verringerung der Giftigkeit der Präparate auch mit dieser neuen Epoche nicht zufrieden sein kann, sollen uns später beschäftigen.

Saatgutbeizung

Schon bei den Pflanzensamen fängt es mit Krankheiten an. Zahlreiche Arten pilzlicher Krankheitserreger haften als widerstandsfähige Sporen an den Pflanzensamen, keimen zusammen mit ihnen aus und befallen den Pflanzenkeimling. Um sie abzutöten, wurde die Beizung des Saatguts, vornehmlich der Getreide- und Rübensamen, eingeführt. In geringerem Umfang wird hierfür — wie wir sahen — Heißwasser verwendet. In den meisten Fällen haben sich chemische Beizmittel durchgesetzt.

Das Mitte des 18. Jahrhunderts entdeckte erste hochwirksame Beizmittel Kupfervitriol (Kupfersulfat) wurde bis in die neueste Zeit angewendet, hatte aber den Nachteil, daß es sehr oft zu Keimschädigungen führte. 1915 wurden mit den organischen Quecksilber-Verbindungen noch wirksamere und für die Samen wesentlich weniger gefährliche Beizmittel gefunden, die noch heute die Hauptmittel zur Bekämpfung der vier wichtigsten Pilzkrankheiten des Getreides: des Weizensteinbrandes, der Fusarium-Krankheit des Roggens, des Haferflugbrandes und der Streifenkrankheit der Gerste bilden.

In den letzten Jahren hat man staubförmige Quecksilber-Beizen mit Insektengiften wie Lindan, Dieldrin und anderen kombiniert. Diese sogenannten Kombi-Trockenbeizen schützen die junge Saat nicht nur gegen Pilzkrankheiten, sondern zugleich gegen Insekten- (also z. B. Engerlings- oder Drahtwurm-)Befall vom Boden aus.

Interessant ist auch, daß es kombinierte Trockenbeizen mit Nährstoffen (Bor, Kupfer, Mangan und anderen) gibt, die zugleich die Ernährung der keimenden Samen verbessern.

Als *Beizgeräte* dienen zylindrische, kugel- oder kannenförmige Behälter, in deren Innerem beim Drehen des Behälters das Saatgut von dem staubförmigen oder flüssigen Beizmittel bedeckt bzw. getränkt wird. Kleinere Blechtrommeln müssen stets wieder geleert und neu gefüllt werden, während größere Geräte als Durchlaufbeizer zur ununterbrochenen Beizung eingerichtet sind.

Bodenentseuchung

Der Schutz, der dem Samen durch die Beizung mit auf den Weg gegeben wird, kann wesentlich verstärkt werden, wenn man auch den Boden frei von Schädlingen macht. Die wirksamste Bekämpfung der im Boden lebenden Schädlinge ist das bereits erwähnte physikalische Bekämpfungsverfahren der Bodenentseuchung mit Wasserdampf. Wo es aus technischen oder finanziellen Gründen nicht anwendbar ist, oder wo nur bestimmte Schädlingsarten im Boden abgetötet werden sollen, wendet man chemische Entseuchungsmittel an. Es handelt sich dabei um Substanzen, die sich infolge ihres hohen Dampfdruckes leicht im Boden verbreiten.

Das älteste, heute nur noch wenig angewandte Mittel ist der 1872 erstmals zur Vernichtung von Rebläusen in Weinbergen erprobte sehr explosive und für den Menschen hochgiftige Schwefelkohlenstoff. Unter den heute gegen Insekten gebräuchlichen chemischen Entseuchungsmitteln sind die Hexachlorcyclohexane (Hexa-Mittel) die wichtigsten. Sie werden in Staubform in den Boden gebracht und haben sich besonders gegen Engerlinge, Drahtwürmer und Fliegenlarven bewährt. Als Fungizide werden vornehmlich die Chlornitrobenzole verwendet, von denen mehrere Präparate als Spritz- und Streumittel gegen den Schneeschimmel des Roggens, die Salatfäule, Kohlhernie und andere Pilzkrankheiten amtlich anerkannt sind.

Ein Sonderproblem bildet die Bekämpfung der Nematoden (Älchen) im Boden. Die neuerdings endlich gefundenen, gut wirkenden Bekämpfungsmittel (Nematizide) sind leider für Warmblüter noch zu giftig, als daß man mit ihnen voll zufrieden sein könnte. Von den bisher amtlich anerkannten Präparaten seien hier zwei genannt. Das erste, DD, ist ein Gemisch von Dichlorpropan und Dichlorpropylen. Es ist für den Menschen sehr giftig, greift Eisen und sogar Stahl an und muß daher in Spezialbehältern geliefert werden. Man injiziert es 20 cm tief in den Boden, wo es schnell in Gas übergeht und die im Boden lebenden Tiere abtötet. Das andere Mittel ist das aus Senfölen synthetisierte Methylisothiocyanat (Trapex), das relativ wenig giftig ist, jedoch die Schleimhäute reizt und daher zum Tragen einer Schutzmaske zwingt. Der Boden kann in beiden Fällen, nach DD- und nach Trapex-Behandlung, erst einige Wochen später, wenn er völlig frei von den Nematiziden ist, bepflanzt oder besät werden. Um den richtigen Zeitpunkt hierfür festzustellen, wendet man beim DD den Geruchstest (DD hat stark stechenden Geruch), bei Trapex den Kressekeimungs-Test an. In letzterem Fall werden im Abstand von einigen Tagen Kresse-Samen in mit Trapex behandelten Boden ausgesät. Nur wenn diese Samen nach 2 bis 3 Tagen normal keimen, ist der Boden wieder verwendbar.

Als Spezialgeräte für die chemische Bodenentseuchung sind Hand- (Abb. 27) oder Motor-*Injektoren* in Gebrauch, die nach dem Kolbenpumpen-Prinzip das flüssige Bekämpfungsmittel durch ein spitzes, mit seitlichen Öffnungen versehenes Rohr in den Erdboden pressen.

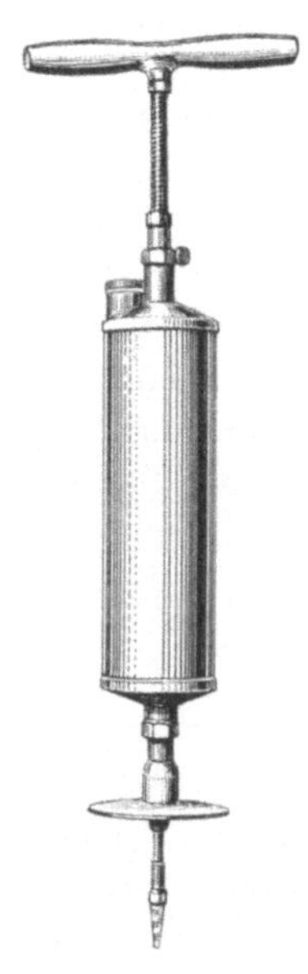

Abb. 27. Injektionsapparat zum Einbringen chemischer Bekämpfungsmittel in den Boden. (Nach H. GOFFART)

Stäuben, Spritzen und Sprühen

Handelte es sich bei der Saatgutbeizung und der Bodenentseuchung um zwei relativ eng begrenzte Spezialbereiche der chemischen Bekämpfung, so betreten wir nunmehr mit der oberirdischen

Anwendung staubförmiger oder flüssiger Schädlingsgifte das umfangreichste und wichtigste Gebiet des chemischen Pflanzenschutzes. Bei der Ausbreitung flüssiger Mittel spricht man von Spritzen, wenn die Tröpfchen größer als 150 μ (1 μ = 1/1000 mm) sind, und von Sprühen, wenn ihre Größe nur 50 bis 150 μ beträgt. Von den etwa 100 Wirkstoffen, die den mehrere hundert amtlich anerkannten Stäube-, Spritz- und Sprühmitteln zugrunde liegen, können im folgenden nur einige der wichtigsten etwas näher betrachtet werden.

Beginnen wir mit den *Insektiziden*, also den insektentötenden Wirkstoffen, deren bekanntester und zugleich als erster hergestellter Vertreter das als Kontakt- und Fraßgift wirkende Dichlordiphenyltrichloräthan (DDT) ist. Mit seiner Patentanmeldung im März 1940 begann die Neuzeit der chemischen Bekämpfung. DDT ge-

$$DDT = C_{14}H_9Cl_5$$

hört wie die meisten der synthetischen Insektizide zur Gruppe der chlorierten Kohlenwasserstoffe. Seine Vorzüge sind: hohe Giftwirkung bei Insekten, geringe Giftwirkung bei Warmblütern sowie eine besonders lange, meist mehrere Monate anhaltende Wirkungsdauer. DDT-Mittel sind daher besonders zur Bekämpfung von Insekten mit mehreren Generationen bzw. lang ausgedehnter Schlüpfzeit geeignet. Den Vorteilen stehen als Nachteile gegenüber: die große Breitenwirkung, die praktisch die gesamte Spinnen- und Insektenfauna umfaßt, sowie die medizinisch bedenkliche Speicherung im Fettgewebe der Tiere und des Menschen.

Nur zwei Jahre nach dem DDT wurde ein zweiter chlorierter Kohlenwasserstoff als insektizid erkannt: das Hexachlorcyclohexan (HCH oder Hexa), das sich in der Insektenbekämpfung den zweiten Platz hinter dem DDT eroberte. Es kommt in ungereinigter Form als „technisches Hexa", sowie als gereinigtes und teureres „Lindan" in den Handel. Das erste besitzt einen unangenehmen muffigen Geruch, der auch auf die behandelten Pflanzen und

Früchte übergeht, und wird deshalb fast ausschließlich im Forstschutz verwendet. Die Hexa-Mittel haben den Vorteil, daß sie
nicht im Körperfett gespeichert werden. Ihr Nachteil ist eine sehr

$$HCH \text{ (Lindan)} = C_6H_6Cl_6$$

rasche Verdampfung und damit eine geringe Haltbarkeit. Sie
wirken in erster Linie als Atemgifte.

Als weitere Chlorkohlenwasserstoffe seien noch das Toxaphen
und das Thiodan genannt, die beide als einzige Insektizide bienenunschädlich sind. Ihre Wirksamkeit kann sich zwar nicht mit derjenigen der DDT- und Hexa-Präparate messen, doch sollten sie
überall dort angewandt werden, wo eine chemische Bekämpfung
während der Blütezeit notwendig ist, um die blütenbesuchenden
Bienen zu schonen.

Neben den Kohlenwasserstoffen bilden die Phosphorsäure-
Ester eine weitere wichtige Gruppe der synthetischen Insektizide. Als erster Wirkstoff dieser Gruppe wurde 1944 ein Ester der
Thiophosphorsäure, das Parathion (E 605) entdeckt. Die organischen Phosphor-Mittel sind durch schnelle Anfangswirkung und

$$Parathion \text{ (E 605)} = C_8H_{10}O_5NP\,S$$

geringe Dauerwirkung gekennzeichnet. Ihre Besonderheit liegt
darin, daß sie in die grünen Pflanzenteile eindringen und daher
auch die in Gallen lebenden oder in der Pflanze minierenden

Schädlinge abtöten. Im Körper der Pflanzen, Tiere und des Menschen werden sie rasch zersetzt, so daß keine Speicherung eintritt. Das Erstlings-Präparat E 605 ist für Warmblüter äußerst giftig; sein Giftwert für den Menschen übersteigt den des Hexa um das 20fache und den des DDT um das 40fache. Bei seiner Anwendung ist deshalb größte Vorsicht (Tragen von Schutzanzug und Schutzmaske) geboten. In der Folgezeit wurden einige weniger giftige Phosphorsäure-Präparate entwickelt, wie Chlorthion und Malathion, die heute dem E 605 gegenüber bevorzugt werden.

Einige Präparate dieser Gruppe, das Systox und Metasystox, sind besonders interessant, weil sie nicht nur ins Pflanzeninnere eindringen, sondern dort durch den Saftstrom in alle Teile der Pflanze transportiert werden. Da das Leitbahn-System die Verteilung des Giftes übernimmt, spricht man von *systemischen Insektiziden*. Der Vorteil einer solchen „innertherapeutischen" Bekämpfungsmethode liegt auf der Hand: alle saugenden Schädlinge, also vor allem die Blatt- und Schildläuse, werden beim Saugen vergiftet, während die auf der Pflanze laufenden nützlichen Insekten, wie z. B. die als Blattlausfeinde wichtigen Marienkäfer und ihre Larven, geschont werden. Auch die systemischen Insektizide werden in den Pflanzen bald abgebaut, so daß diese nach Ablauf einer „Karenzzeit" geerntet werden können.

Eigenartigerweise lassen sich die an den Pflanzen saugenden Spinnmilben, wie z. B. die Obstbaum- und die Hopfenspinnmilben mit den meisten Insektengiften nicht oder nur unzureichend bekämpfen. Lediglich die organischen Phosphorsäure-Ester haben neben ihrer insektiziden auch eine *akarizide* (= milbentötende) Wirkung. Auf der Suche nach weiteren Milbengiften wurden zahlreiche chemische Verbindungen gefunden, von denen die Benzolsulfonate zur Bekämpfung der Sommereier sowie die Kelthane zur Abtötung der Milben genannt seien. Beide sind Chlorkohlenwasserstoffe, die für Warmblüter noch weniger giftig als DDT sind und auch die nützlichen Insekten einschließlich der Honigbiene schonen.

Als dritte Tiergruppe neben den Insekten und Spinnmilben werden seit einiger Zeit auch die Wühlmäuse oberirdisch bekämpft, nachdem man das ursprünglich in den USA als Insektizid entwickelte Toxaphen als vorzüglich wirkendes Mäusegift, *Roden-*

tizid, erkannt hatte. Es wird in Form einer Flächenbegiftung ausgebracht und hat sich vor allem bei großräumigen Mäusevermehrungen bewährt. Seine Wirkung beruht darauf, daß die Feld- und Erdmäuse begiftete Pflanzenteile fressen oder auch bei staubförmiger Anwendung sich mit dem Gift einpudern und es beim Putzen mit verschlucken.

Auf keinem anderen Gebiet des Pflanzenschutzes ist aber die Entwicklung in den letzten Jahren so stürmisch vorangeschritten wie bei der chemischen Bekämpfung von Unkräutern. Wichtigste Gründe hierfür sind der Arbeitskräftemangel (es fehlen die Hände zum Unkrautjäten) sowie der immer stärker werdende Einsatz von Erntemaschinen, durch die die Verunkrautung gefördert wird.

Die Wirkung der Unkrautbekämpfungsmittel, *Herbizide*, beruht auf verschiedenen Prinzipien. Die heute wichtigste Gruppe sind die *systemisch* wirkenden Herbizide, die in gleicher Weise wie die systemischen Insektizide vom Saftstrom in der Pflanze verteilt werden. Die meisten Präparate dieser Gruppe bestehen aus *Wuchsstoffen*. Das sind chemische Verbindungen, die bei geringer Konzentration den Pflanzenwuchs anregen, in stärkerer Konzentration dagegen zu übernormal starkem, in tödlicher Erschöpfung endendem Wachstum führen. Charakteristisch für diese Herbizide ist, daß grasartige Pflanzen und somit auch Getreidearten nicht oder nur wenig auf sie reagieren, daß aber alle breitblättrigen Pflanzen sich zu Tode wachsen. Die ersten Wuchsstoff-Herbizide, die nach dem Krieg in Deutschland hergestellt wurden und bis heute viel verwendet werden, enthalten den Wirkstoff 2,4-Dichlorphenoxyessigsäure, kurz 2,4-D genannt. Das Hauptanwendungsgebiet der Wuchsstoff-Herbizide ist der Getreidebau (Abb. 28). Zu den systemisch wirkenden Herbiziden ohne Wuchsstoff-Charakter gehören die Carbamate, die man kurz nach der Saat der Kulturpflanzen noch vor dem Keimen als sogenannte „Vorlaufmittel" ausbringt. Sie werden infolge ihrer geringen Wasserlöslichkeit in den oberen Bodenschichten festgehalten und töten hier die keimenden Unkrautsamen ab, beeinträchtigen dagegen die tiefer keimenden Kultursamen nicht.

Andere Herbizide, wie die Dinitrokresole (Gelbspritzmittel), wirken *ätzend*. Ihre Spritztropfen rollen an den Kulturpflanzen infolge deren aufrechter Blattstellung sowie meist glatten Wachs-

schicht ab, bleiben aber auf den breitblättrigen Unkräutern mit
ihren waagerechten und oft behaarten Blättern haften und zerstören sie. Zur Sicherung des Abtropfens von den Kulturpflanzen
muß man mit großen Wassermengen (600 bis 800 l/ha) arbeiten.

Abb. 28. Unkrautbekämpfung im Maisfeld; links: unbehandelt, rechts: mit
Herbizid gespritzt. (Nach G. BACHTHLAER)

Am radikalsten schließlich wirken die *Totalherbizide*, die sämt-
liche Pflanzen einer Fläche abtöten. Man wendet sie bei Brachland,
wie z.B. auf Getreide-Stoppelfeldern im Spätsommer an. Eines
der wirksamsten Mittel ist das Natriumchlorat, wenn es in hoher
Konzentration mit großen Wassermengen gespritzt wird. Es
dringt in den Erdboden ein und zerstört die Pflanzenwurzeln.
Auch zur Reinigung von Gartenwegen und Plätzen von Gräsern
und anderen Unkräutern kann es verwendet werden, wobei man
natürlich darauf achten muß, daß keine Kulturpflanzen in unmittelbarer Nähe stehen.

Für fast alle Herbizide gilt, daß sie eine gewisse Bodenfeuchtig-
keit benötigen, die aber nicht zu stark sein darf. Sowohl starke
Regenfälle als auch Tockenheit führen oft zu unangenehmen Schäden an den Kulturpflanzen. Einen weiteren kritischen Punkt bildet
die Dosierung, die stets ganz genau den Vorschriften entsprechen
muß. Überdosierungen können die ganze Kultur zerstören. Wer

gute Erfolge mit Herbiziden haben will, sollte auch die wichtigsten Unkräuter kennen, da sich die Wahl des Mittels nach den „Leitunkräutern", das sind die wirtschaftlich wichtigsten Arten, richten muß.

Im Gegensatz zu den soeben betrachteten tier- und unkrauttötenden Mitteln, deren Ziel die Vernichtung der in Mengen auftretenden Schädlinge ist, werden die pilztötenden Mittel, die *Fungizide*, in der Regel vorbeugend angewandt. Sie sollen die Pflanzen vor Pilzbefall, also vor der Ansiedlung und Auskeimung der Pilzsporen schützen. Bei den älteren Fungiziden handelt es sich überwiegend um anorganische Verbindungen, von denen die Schwefelpräparate gegen Mehltaupilze, die Kupferpräparate gegen falsche Mehltaupilze und Blattfleckenkrankheiten sowie die Quecksilberpräparate gegen Schorf- und Moniliapilze spezifisch wirken. Die Zinnpräparate haben ein etwas breiteres Wirkungsspektrum. Immer mehr erobern sich aber die in jüngerer Zeit entwickelten organischen Fungizide den Markt, weil sie die bei den älteren Mitteln oft eintretenden Pflanzenschädigungen vermeiden und meist auch nicht so giftig wie diese sind. Als eines dieser neuen organischen Fungizide sei die Wirkstoffgruppe der Thiocarbamate mit den bekannten Präparaten Zineb und Maneb genannt, die ein breites Wirkungsspektrum aufweisen.

Da jede unbegiftet gebliebene Stelle der Pflanze den Pilzen den Eintritt in das Pflanzengewebe gestattet, müssen die Fungizide einen lückenlosen Belag bilden, wie er nur beim Spritzen erreichbar ist. Während man bei einer Insektenbekämpfung oft schon mit einer 90%igen Abtötung zufrieden sein kann, muß die Pilzbekämpfung stets 100%ig wirken, weil auch wenige überbleibende Pilze infolge ihrer ungeheuer großen Sporenvermehrung einen Pflanzenbestand gefährden können.

Um 1940 herum, also zur gleichen Zeit, in der die Phytomedizin mit der Entdeckung der insektiziden Eigenschaften des DDT in eine neue Phase eintrat, begann auch für die Human- und Veterinärmedizin mit der Herstellung des Penicillins ein neuer Abschnitt. Es handelt sich hierbei um einen von dem Pilz Penicillium rubrum ausgeschiedenen Stoff, der die Eigenschaft hat, eine Reihe anderer Mikroorganismen, Pilze und Bakterien — darunter mehrere Krankheitserreger des Menschen und der Haustiere — abzutöten. Bereits 1944 wurde der ähnlich wirkende Stoff eines anderen Pilzes, das Streptomycin entdeckt, das unter anderem gegen Tuberkelbazillen wirksam ist. Insgesamt bezeichnet man derartige von Organismen produzierte fungi- und bacterizide Stoffe als *Antibiotica*.

Heute sind von Pilzen produzierte Antibiotica nicht nur in der Medizin verbreitet, sondern haben auch in der Bekämpfung von Kulturpflanzenkrankheiten Fuß gefaßt. Der erste Erfolg wurde 1955 mit Streptomycin als Mittel gegen die Fettfleckenkrankheit der Bohne erzielt, deren Erreger ein Bakterium ist. In der Folgezeit erbrachten weitere ähnliche Substanzen, darunter das Actidion, gute Bekämpfungserfolge, unter anderem gegen Mehltauarten und die Schrotschußkrankheit der Kirsche (Abb. 29). In letzterem Fall

Abb. 29. Schrotschußkrankheit der Kirsche. Der Erregerpilz befällt kleine runde Gewebeteile. Die Blätter stoßen die abgestorbenen Teile mit Hilfe eines Trennungsgewebes ab; an den Früchten sinken die Befallsstellen ein. (Nach Bayer Pflschtz.-Compend.)

liegt ein wesentlicher Vorteil gegenüber den anorganischen Fungiziden darin, daß das Antibioticum auch auf Früchte tragende Obstbäume gespritzt werden kann. Neuerdings laufen bereits Versuche, Antibiotica zur Bekämpfung pflanzlicher Viruskrankheiten einzusetzen. Die Antibiotica eröffnen somit zum ersten Male die

Möglichkeit, auch Bakterien- und Viruskrankheiten von Kulturpflanzen zu bekämpfen.

Auch zahlreiche höhere Pflanzen scheiden Antibiotica aus. Bereits vor mehr als 50 Jahren fand der Russe MITSCHURIN, daß der
Befall von Rosenblättern mit einem Rostpilz (Phragmidium mucronatum) innerhalb weniger Tage verschwand, nachdem er die
Blätter mit dem Saft des Knoblauchs (Allium sativa) bestrichen
hatte. Wir wissen heute, daß im Knoblauchsaft eine fungizide Substanz, das Alliin, enthalten ist. In den vergangenen zwei Jahrzehnten sind aus mehreren Samenpflanzenarten Antibiotica gewonnen worden, ohne daß diese bisher Eingang in die Schädlingsbekämpfung gefunden hätten. Es ist eine wichtige Aufgabe der
Pflanzenschutzforschung, unsere Kenntnisse auf diesem Gebiet
zu erweitern und die Antibiotica aus höheren Pflanzen der Schädlingsbekämpfung nutzbar zu machen.

Die Beantwortung der Frage nach der *Anwendungsform* eines Bekämpfungsmittels, ob es als Staub oder als Flüssigkeit verwendet

Abb. 30. Bekämpfung des Reisstengelbohrers mit tragbaren Stäubegeräten.
(Nach Bayer Pflschtz.-Kurier)

und im zweiten Fall, ob es gespritzt oder gesprüht werden soll,
ist von den gegebenen Verhältnissen abhängig. Allgemein läßt sich
sagen, daß die Ausbringung von Staub (Abb. 30) billiger und be-

quemer (man braucht das Präparat nicht zu verdünnen), aber witterungsabhängiger ist als der Gebrauch einer Flüssigkeit. Man wird demgemäß *staubförmige* Mittel in erster Linie dort verwenden, wo die Wasserbeschaffung Schwierigkeiten bereitet oder wo keine den Staubbelag abwaschenden Niederschläge zu erwarten sind.

Flüssige Mittel werden durch Verdünnung einer konzentrierten Lösung oder durch Aufschwemmen von Pulvern hergestellt. Überall dort, wo es auf einen lückenlosen Belag oder auf ein Abtropfen des Mittels ankommt, wie vor allem bei Herbiziden, muß man spritzen, das heißt relativ große Tropfen ausbringen. Die Aufwandmenge beträgt hierbei zwischen 400 und 800 l pro Hektar. Wo dagegen schon eine gleichmäßige Verteilung feiner Tröpfchen den Abtötungserfolg gewährleistet, wie in den meisten Fällen der Insektenbekämpfung, wendet man das billigere Sprühverfahren an. Die Aufwandmenge beträgt hierbei nur noch 40 bis 60 l pro Hektar bei Verwendung von Wasser als Lösungsmittel bzw. 10 bis 30 l pro Hektar, wenn man das Mittel in Dieselöl löst, was aber nur in besonderen Fällen, vor allem bei Forstschädlingsbekämpfungen, in Frage kommt. Die Entwicklung verläuft in Richtung der Erzeugung immer kleinerer Tröpfchen oder was dasselbe ist: immer größerer Tröpfchenzahl und immer geringerer Aufwandmenge. Die Grenze liegt bei einem Tröpfchendurchmesser von 50 μ; kleinere Tröpfchen schweben als Nebel und senken sich nicht mehr auf die Pflanzen herab. Diese Grenze hat bereits das in jüngster Zeit in den USA entwickelte „Ultra-low-volume"-Verfahren erreicht, bei dem die unglaublich geringe Menge von nur 0,3 bis 1,2 l pro Hektar eines hochkonzentrierten Phosphorsäure-Ester-Präparats vom Flugzeug aus versprüht wird.

Die *Bekämpfungsgeräte* entsprechen der Vielfalt an Schädlingen und Pflanzenkulturen. Stäuben kann man im einfachsten Fall schon mit einem staubgefüllten Nylonstrumpf, den man im Gehen schüttelt, und ein Spritz- oder gar Sprüh-Belag läßt sich auf kleiner Fläche bereits mit einer Blumenspritze herstellen. Am häufigsten sind in der Land- und Forstwirtschaft handbetätigte, tragbare Stäube- und Spritzgeräte in Gebrauch, die etwa 10 l Flüssigkeit bzw. 10 cdm Staub fassen. Zur Erzeugung von Sprühbelägen, also sehr feinen Tröpfchen, ist Motordruck notwendig, der von tragbaren, fahrbaren (Abb. 31) oder fliegenden Geräten erzeugt wird.

Der Einsatz von Flugzeugen im Pflanzenschutz wird immer vielseitiger und umfangreicher. Früher bevorzugte man Starrflügler, weil sie eine umfangreiche Ladung (bis zu 4000 kg) der damals vor-

Abb. 31. Behandlung eines Erdbeerfeldes mit Selbstfahr-Sprühgerät. (Nach Bayer. Pflschtz-Kurier)

Abb. 32. Hubschrauber beim Sprühen gegen Kiefernblattwespen. (Phot. WENK-NEUHAUS, Nürnberg)

nehmlich verwendeten Staubmittel auf einem Flug ausbringen konnten. Heute werden fast nur noch Hubschrauber, und zwar als Sprühgeräte eingesetzt, weil in unserem Klima den Sprühmitteln vor den witterungsabhängigen Stäubemitteln der Vorzug zu geben ist und weil die große Wendigkeit des Hubschraubers eine sehr sparsame, gezielte und gleichmäßige Ausbringung des Sprühmittels sowie auch einen Einsatz auf kleinen Bekämpfungsflächen ermöglicht. Bei günstigem Wetter kann ein Hubschrauber 500 Hektar Fläche und mehr am Tage besprühen (Abb. 32).

Räuchern, Nebeln und Begasen

Während das Stäuben, Spritzen und Sprühen die Freiland-Schädlingsbekämpfung beherrschen, finden das Räuchern, Nebeln und Begasen im Innern von Räumen, also von Wohnungen, Speichern und Gewächshäusern, aber auch in unterirdischen Erdbauten von Nagetieren sowie in dichten Wäldern zu windstillen Tageszeiten ihren Hauptanwendungsbereich, das heißt überall dort wo die winzigen schwebenden Giftteilchen nicht vom Winde verweht werden können.

Man spricht von Räuchern, wenn bei Verbrennung einer Substanz feste Giftteilchen als Rauch entstehen, von Nebeln, wenn Flüssigkeiten so fein versprüht werden, daß die Tröpfchen als Nebelwolke in der Luft schweben, sowie von Begasen, wenn die Giftsubstanz aus Gasmolekülen besteht. In allen drei Fällen sind die Giftteilchen so klein und leicht, daß sie sich in abgeschlossenen Räumen selbständig und gleichmäßig ausbreiten und mit allen darin befindlichen Dingen in intensive Berührung kommen.

Weitverbreitet zur Insektenbekämpfung in *Gewächshäusern* ist das Anbrennen und Verschwelen von Papierstreifen oder Tabletten, die mit DDT, Hexa oder anderen Insektiziden getränkt sind. Eine andere Methode besteht darin, daß man eine Insektizidlösung in festwandigen Behältern unter Druck aufbewahrt und sie beim Öffnen des Ventils verdampfen (vernebeln) läßt (Abb. 33). Das früher häufige Begasen von Gewächshäusern mit Blausäure tritt wegen seiner hygienischen Bedenklichkeit immer mehr zurück. Jede Durchgasung bedarf einer besonderen Genehmigung und ist nur geprüften Fachleuten gestattet.

56

Bei allen Bekämpfungsaktionen mit schwebenden Giftteilchen in Gewächshäusern sind drei Punkte besonders zu beachten:

Abb. 33. Verneblung mittels Nebelbombe im Gewächshaus. (Nach H. Pape)

Abb. 34. Bekämpfung einer Dattelpalmen-Schildlaus in Nordafrika mit Blausäure-Gas unter Zelt. (Nach A. Balachowsky und L. Mesnil)

57

Strengste Einhaltung der geforderten Vorsichtsmaßnahmen, gute Abdichtung des Raumes sowie genaue Berechnung der Giftmenge an Hand der Raummaße. Letzteres ist notwendig, um pflanzenschädigende Überdosierungen zu vermeiden. Früher wurde auch zur Bekämpfung tierischer Obstbaumschädlinge Gas, meist Blausäure, verwendet, das man in gasdichte, über die Baumkronen gestülpte Hüllen leitete (Abb. 34).

Zur Bekämpfung von *Wühlmäusen* gibt es Gaspatronen, die in die Erdgänge eingeführt und angezündet werden; sodann werden die Gänge verschlossen. Aus den Patronen entwickelt sich eine giftige, aus H_2S und SO_2 bestehende Gasmischung. In jüngerer Zeit hat man auch mit der Verwendung der Abgase von Benzinmotoren ein gutes Mittel zur lokalen Feld- und Erdmausbekämpfung gefunden. Man braucht hierzu nur eine Schlauchverbindung zwischen dem Auspuffrohr eines Autos oder Motorrads und dem Mäusegang herzustellen.

In den *Wäldern* wurden früher in größerem Umfang schädliche Insekten wie die Nonnenspinner- und Forleulenraupen mit insektizidem Nebel bekämpft. Die größte Aktion fand 1954/55 im Ebersberger Forst bei München statt, wo man gegen den Nonnenspinner insgesamt 6200 Hektar Fichtenwald mit Heißnebel behandelte. In vier großen fahrbaren Nebelgeräten wurden DDT-Lösungen erhitzt und verdampft, wobei an der Luft der Dampf zu Nebeltröpfchen kondensierte. Da die Geräte wegen der tagsüber stets vorhandenen Luftbewegungen nur nachts eingesetzt werden konnten und weiterhin Fahrschneisen im Abstand von etwa 50 Metern (der Reichweite des Nebels) gehauen werden mußten, war die Aktion äußerst mühevoll und aufwendig. Heute arbeiten Hubschrauber mit Sprüheinrichtungen schneller, billiger und mit besserem Erfolg.

Abschreckung und Anlockung

Ein besonders interessantes und zukunftsreiches Gebiet der chemischen Bekämpfung schädlicher Tiere ist die Verwendung von Abschreck- und Anlockmitteln, das heißt von Mitteln, die sich die Sinnestätigkeit der Tiere zunutze machen.

Die Bedeutung der *Abschreckstoffe* (repellents) liegt hauptsächlich auf hygienischem Gebiet, wo seit vielen Jahren daran gearbeitet wird, chemische Substanzen zu finden, die die blutsaugen-
den und dabei vielfach Krankheiten übertragenden Parasiten des
Menschen und der Haustiere abschrecken. Befriedigende Ergebnisse konnten dabei bisher noch nicht erzielt werden.

Im Bereich des Pflanzenschutzes konzentriert sich das Interesse
an Abschreckstoffen auf zwei Probleme. Das erste betrifft den
Schutz der *Honigbiene* während und nach chemischen Bekämpfungsaktionen. Seit einigen Jahren wird nach chemischen Verbindungen gesucht, die den Insektiziden beigemischt werden und
als Vergällungsstoffe die Bienen von der Aufnahme vergifteten
Blütennektars, Pollens oder Blattlaus-Honigtaues abhalten. Bisher
war diesen Bemühungen nur ein Teilerfolg beschieden: man beobachtete, daß bei Bekämpfungsaktionen in Laub- und Nadelwäldern
das als Lösungsmittel für DDT verwendete Dieselöl auf Honig-
bienen abschreckend wirkte. Experimente bestätigten diese Beobachtung. Bienen, die mit Zuckerlösungen angelockt wurden,
mieden die Futterschalen, wenn der Schalenrand oder auch nur
die Umgebung der Schale mit etwas Dieselöl benetzt waren. Da
jedoch Dieselöl-Insektizid-Gemische wegen der Gefahr von Blattverbrennungen und Geschmacksbeeinflussungen nur im Forstschutz verwendet werden können, müssen wir weiter auf den
ersten im landwirtschaftlichen Pflanzenschutz brauchbaren Ab-
wehrstoff gegen Bienen warten.

Umfassender und wichtiger ist ein zweites Abschreck-Problem:
Der Schutz der Bäume vor *Wildschäden*. Seit langem versucht die
Wildforschung herauszufinden, worauf das Verbeißen von Knos-
pen und Trieben sowie das Schälen von Rinden durch Hirsche
und Rehe, die ja normalerweise Grasfresser sind, beruhen und ob
man diese Schäden auf biologischem Wege, vor allem durch Ver-
änderung der Wildernährung, verhindern kann. Solange dieses
Problem nicht gelöst ist, muß versucht werden, das Wild mit
Hilfe physikalischer und chemischer Abschreckmittel von den
Bäumen fernzuhalten.

Zur Herstellung chemischer *Wild-Abschreckmittel* sind zum Teil
schon sehr alte Hausrezepte bekannt, wie z.B. Mischungen aus
Malerkalk, Wasser und Petroleum oder aus Jauche, Kuhmist und

Malerkalk. Sie wirken recht gut und werden hauptsächlich von Privatwaldbesitzern noch immer verwendet. Die heute amtlich anerkannten Wildverbiß- und Schälschutzmittel enthalten sehr verschiedene Abschreckstoffe, insbesondere Mineralölverbindungen. Man spritzt oder streicht sie an die Knospen, Triebe und Rinden, wo sie mehrere Monate lang wirksam bleiben.

Um das Wild gar nicht erst in bestimmte Kulturen eindringen zu lassen, greift man oft zum sogenannten Flächenverwitterungs-Verfahren: Man tränkt Lappen oder Putzwolle mit Teerölen und hängt sie in Abständen von etwa 5 Metern an den Grenzen der Kulturfläche auf.

Auch gegen das „Fegen" der Rehböcke und männlichen Hirsche, worunter das Abreiben des juckenden absterbenden Hautüberzugs (des Bastes) der Geweihstangen an den Bäumen zu verstehen ist (Abb. 35), wird neuerdings die Rinde von Bäumen mit

Abb. 35. Fegender Rehbock. (Nach F. v. RAESFELD, verändert)

grellfarbigen und zugleich durch ihren Geruch abschreckend wirkenden Mitteln bestrichen.

Das Gegenteil der Abschreckung: die chemische *Anlockung* von Schädlingen mit anschließender Abtötung ist seit langem in Form der Giftköder in Gebrauch. Die wichtigsten mit Ködern be-

60

kämpfbaren Tiergruppen: Bodeninsekten, Schnecken, Mäuse und schädliche Vögel, leben im oder am Erdboden oder suchen dort Nahrung. Die zu ihrer Anlockung verwendeten Köder sind zumeist Nahrungsmittel, wie z.B. (Gift-)Weizen für Mäuse oder (Gift-)Hühnereier für Krähen. In einigen Fällen können die Köder aber auch ohne Nahrungswert sein und aus anderen — zum Teil unbekannten — Gründen anlockend wirken, wie z.B. das Metaldehyd auf Schnecken. Giftköder zur Bekämpfung von Maulwurfsgrillen, Engerlingen, Drahtwürmern und Erdraupen kann man durch Tränkung von Kartoffeln-, Rüben- oder Selleriestücken mit einem Insektizid selbst herstellen. Hauptködermittel für alle Schnecken ist das Metaldehyd, das zugleich anlockend und abtötend wirkt. Wühlmäuse werden vor allem mit Getreidekörnern und anderen Nahrungsmitteln geködert, die mit Zinkphosphid getränkt sind. Zur Vermeidung von Verwechslungen ist vergiftetes Getreide immer grell rot gefärbt. Es wird zum Schutz anderer Tiere entweder in die Mäuselöcher versenkt oder oberirdisch in versteckt liegende Röhren gestreut (Abb. 36). Zinkphosphid wird

Abb. 36. Auslegen von Giftgetreide in einer Dränröhre gegen Feldmäuse. (Nach H. W. FRICKHINGER)

auch Hühnereiern zur Bekämpfung von Krähen beigegeben. Zur Anwendung solcher Gifteier ist aber die Genehmigung der Naturschutzbehörden notwendig.

Sehr viel schwieriger ist die *Nahrungsköder*-Anlockung von land- und forstwirtschaftlich schädlichen Insekten, die nicht am oder im Boden leben. Versuche, den Großen Braunen Rüsselkäfer an frischgeschälten, vergifteten Fichtenrinden anzulocken, blieben unbefriedigend, weil im Biotop noch genügend andere anlockend wirkende Fichtenrinde vorhanden ist, so daß von den vergifteten Rinden nur ein kleiner Teil der Käferpopulation angelockt wird. Dagegen erbrachte die Bekämpfung der orientalischen Fruchtfliege, Dacus doralis, auf einer Südsee-Insel (Marianen-Gruppe) mit Hilfe vergifteter Köder, denen Fruchtaroma beigemischt war, einen überraschenden Erfolg: die Fliegenart wurde auf der Insel ausgerottet. Allerdings wurden bei dieser Aktion von Flugzeugen viele Millionen der kleinen Köder gleichmäßig über die ganze Insel abgeworfen.

Bereits seit mehreren Jahrzehnten bemüht man sich, die Fortpflanzungs- und Brutinstinkte schädlicher Insekten in den Dienst der chemischen Anlockung zu stellen. Den ersten Erfolg verzeichnete der Münchner Nobelpreisträger BUTENANDT, der 1941 mit seinen Mitarbeitern den Sexualduftstoff der weiblichen Schwammspinner-Falter synthetisch herstellte. Auch in der chemischen Aufklärung der von Borkenkäfern produzierten *Sexuallockstoffe* ist man in den vergangenen Jahren erheblich weitergekommen. Ihre synthetische Herstellung dürfte nur noch eine Frage kurzer Zeit sein. Sie hätten den großen Vorteil, infolge der möglichen Konzentrierung des Giftes an bestimmten Stellen nützlingsschonend zu wirken. Ob sie aber die Hoffnung der Praktiker: ein wirksames chemisches Bekämpfungsverfahren zu sein, erfüllen werden, bleibt abzuwarten. Die bisherigen Versuche waren wenig ermutigend: Der Sexualduftstoff lockte nur einen relativ geringen Teil der Schädlingspopulation an. Das ist nicht überraschend, da in diesem Fall zugleich mit den künstlichen Lockstoffstellen im Freiland auch die natürlichen Lockstoffe der weiblichen Tiere selbst auf die Männchen einwirken. Der gewünschte Effekt: alle Individuen der Schädlingsart eines bestimmten Raumes auf die künstlichen Lockstoffe zu konzentrieren und sie dort zu vernichten, würde voraussetzen, daß der künstliche Lockstoff stärker als der im Gebiet verteilte natürliche Lockstoff wirkt. Diese Voraussetzung ist aber bisher nicht erfüllt; ja, man kann fragen ob sie überhaupt

erfüllbar ist, ob es stärker wirkende Lockstoffe als die natürlichen
gibt. Es wäre denkbar, daß die Insekten auf Lockstoff-Überkon-
zentrationen gar nicht ansprechen, weil ihre Sinnesorgane auf die
ihnen gemäße Konzentration der natürlichen Lockstoffe einge-
stellt sind.

Insgesamt ist festzustellen, daß die chemischen Bekämpfungsmittel und -verfahren in den vergangenen Jahrzehnten den weitaus größten Teil der Bekämpfung von Kulturpflanzenschädlingen
erobert haben. Sie sind dabei, ihren Herrschaftsbereich noch weiter auszudehnen. Bis vor einigen Jahren glaubte man, daß zum
wenigsten die Viren und Bakterien sich der chemischen Bekämpfung entziehen. Wie oben gezeigt wurde, sind aber gegen Bakterien die ersten chemischen Mittel in Form der Antibiotica bereits entdeckt und angewendet worden. Die Entwicklung weiterer
Bakterizide sowie die Entdeckung auch von Viriziden wird nicht
lange auf sich warten lassen.

Wer diesen Siegeszug der Chemie innerhalb der Schädlingsbekämpfung bedauert, sollte bedenken, daß ohne ihn die Menschheit heute mangels ausreichender Ernährung gar nicht existenz-
fähig wäre.

5. Nebenwirkungen der chemischen Bekämpfung

Spätestens gegen Ende des vorigen Jahrhunderts, nachdem die
chemische Bekämpfung erheblich an Umfang gewonnen hatte,
wurde erkannt, daß die unbestreitbar großen Erfolge der chemischen Maßnahmen leider mit einer Reihe unangenehmer Nebenwirkungen bezahlt werden müssen. In den vergangenen zwei Jahrzehnten haben diese Nebenwirkungen infolge der fast explosions-
artigen Ausdehnung der chemischen Schädlingsbekämpfung ein
so ernstes Ausmaß erreicht, daß sie heute den ganzen Pflanzenschutz in seinem Fundament erschüttern und die Wissenschaftler
und Wirtschafter zum Umdenken zwingen. Im folgenden seien
zunächst die unerwünschten Nebenwirkungen selbst betrachtet.
Über die Möglichkeit und Versuche, sie zu überwinden, sollen die
darauffolgenden Abschnitte berichten.

Gift-Resistenz

Im Jahre 1943 führte man in Schweden die neuentwickelten, gegen die Stubenfliege hochwirksamen DDT-Präparate ein. Bereits drei Jahre später wurde aus einer nordschwedischen Stadt gemeldet, daß diese Präparate ihre Wirkung verloren hätten. Die Stubenfliege war DDT-giftfest, resistent, geworden. Bald häuften sich die Meldungen über fehlgeschlagene Stubenfliegen-Bekämpfungen mit DDT aus allen Erdteilen. Die anfängliche Hoffnung, daß die Resistenz der Stubenfliege eine Ausnahmeerscheinung sei, mußte aufgegeben werden, als in den folgenden Jahren immer neue Beobachtungen über die Entwicklung resistenter Stämme bei zahlreichen Gliederfüßler-Arten und gegenüber zahlreichen synthetisch-organischen Bekämpfungsmitteln bekannt wurden. 1946 zählte man 9 (zum größten Teil bereits in früheren Zeiten gegen Arsen und andere anorganische Mittel) resistent gewordene Arten; 1955 waren es bereits 68. Heute dürfte ihre Zahl bei etwa 150 liegen.

Der Erwerb der Gift-Resistenz von Insekten und Milben beruht auf der Selektion, der natürlichen Auslese, die man auch treffend als „Überleben des Passendsten" bezeichnet hat: Die meisten, oft zahlreichen Nachkommen eines Lebewesens sterben stets durch Krankheiten, Wetter, Hunger, Feinde und andere Umwelteinwirkungen, so daß nur wenige — und zwar die widerstandsfähigsten — Individuen am Leben bleiben. Zugrunde liegt diesem Vorgang, daß die Individuen einer Organismenart, wie z.B. die Raupen des Kohlweißlings, erbliche individuelle Unterschiede in ihrer Anfälligkeit gegen bestimmte Umwelteinflüsse zeigen. Davon macht der Mensch keine Ausnahme. Während manche Menschen an einem giftigen Pilzgericht sterben, überstehen andere die Vergiftung. So ist es auch bei der chemischen Schädlingsbekämpfung, die in bezug auf den Schädling zu den feindlichen Umwelteinflüssen gehört: die widerstandsfähigsten (resistentesten) Individuen überstehen die Vergiftung und vererben nunmehr ihre Gift-Resistenz weiter.

Das heißt allerdings nicht, daß nach einer Bekämpfungsaktion etwa alle überlebenden Schädlinge völlig resistent gegenüber dem verwendeten chemischen Mittel wären. Die meisten Überlebenden sind vielmehr deshalb am Leben geblieben, weil sie mit einer zu geringen Giftmenge in Berührung kamen, die ihnen gar keine große Widerstandskraft abforderte. Der Giftbelag ist ja nie völlig gleichmäßig, so daß die einzelnen Schädlinge in verschiedenem Maße mit dem Gift in Berührung kommen. Nur wenige konnten ihre individuelle hohe Unempfindlichkeit gegenüber dem chemischen Mittel voll ausnutzen und verdanken ihr das Leben. Sie sind die für die Entstehung der Resistenz der Population wichtigen Tiere. Wenn auch ihre resistenten Nachkommen in der nächsten Generation erst einen kleinen Prozentsatz der Population ausmachen, so steigt dieser aber bei wiederholter Anwendung des Giftes von Generation zu Generation, bis schließlich die ganze Population hochgradig gift-resistent ist. Als man Stubenfliegen im Experiment viele Generationen hintereinander mit DDT behandelte, ergab sich, daß die DDT-Resistenz während der ersten 10 Generationen auf das 5- bis 10fache, während der nächsten 10 Generationen aber sprunghaft auf das 100- bis mehrere 1000-fache gegenüber dem ursprünglichen Wert anstieg. Unterbrach man die Gifteinwirkung für einige Generationen, verlangsamte sich der Resistenz-Prozeß entsprechend.

Im Gegensatz zu den Insekten und Milben wurden Resistenzerscheinungen bei den Pilzen bisher noch gar nicht und bei Unkräutern erst in einem Fall beobachtet: Nach 13 Jahren hintereinander erfolgter Anwendung eines wuchsstoffhaltigen Herbizids auf einer Versuchsparzelle hatte der scharfe Hahnenfuß (Ranunculus acer) eine gegen dieses Herbizid resistente Rasse gebildet. Ein wesentlicher Grund für die Seltenheit von Resistenzerscheinungen bei Pilzen und Unkräutern dürfte darin liegen, daß die Fungizide und Herbizide weitaus weniger schädlich für den Menschen und seine Nutztiere sind als die Insektizide und Akarizide und daher in viel stärkerer Konzentration als diese angewendet werden. Starke Konzentration bedeutet aber starke Giftwirkung, die das Überleben von Schädlingen und damit Resistenzbildungen verhindert. Demgegenüber sind die heute üblichen Konzentrationen der Insekten- und Milbengifte im Interesse des Schutzes von Mensch und Nutztier so niedrig gehalten, daß sie an der Grenze der Wirksamkeit gegen die Schädlinge liegen.

Ebenso interessant wie beunruhigend sind neuere Beobachtungen, denen zufolge einige schädliche Milben- und Insektenarten nach mehrmaliger chemischer Bekämpfung nicht nur eine erbliche Gift-Resistenz, sondern auch eine erbliche Veränderung ihres Verhaltens dem Gift gegenüber, also eine *Verhaltens-Resistenz* zu entwickeln beginnen. Sie weichen dem Giftbelag in zunehmendem Maße aus, so daß es schließlich einmal dahin kommen könnte, daß die Begiftung zwar den betreffenden Pflanzenbestand schützt, nicht jedoch die Schädlinge vernichtet, die dann zu anderen Pflanzenbeständen wandern.

Nach alledem muß man grundsätzlich damit rechnen, daß in Zukunft jede Schädlingsart gegenüber jedem chemischen Bekämpfungsmittel resistent wird. Das bedeutet, daß man ständig nach neuen chemischen Mitteln suchen muß, denen gegenüber die Schädlinge noch nicht resistent sind, es sei denn, man fände gänzlich andere Bekämpfungsverfahren.

Wirkung auf Bodenorganismen

Eine andere nicht erwünschte Nebenwirkung der chemischen Bekämpfung richtet sich gegen die Bodenorganismen, die entweder mit Bodenentseuchungsmitteln oder mit den von den Pflanzen abtropfenden bzw. vom Regen in den Boden eingewaschenen oder auch — wie neuere Untersuchungen zeigten — mit den in abgestorbenen Pflanzenteilen noch enthaltenen Giften in Berührung kommen. In einem Nadelwald war z. B. der DDT-Gehalt des Bodens 3 Jahre nach einer Bekämpfungsaktion etwa dreimal so hoch wie kurz nach der Begiftung. Zu dieser Anreicherung hatte die Speicherung des DDT-Wirkstoffs in den Nadeln sowie die Ansammlung und langsame Zersetzung der Nadeln am Boden geführt.

Die Tier-, Pilz- und Unkrautgifte halten sich im Boden zum Teil erstaunlich lange. So wurde z. B. DDT 7 Jahre nach einer Spritzung auf den unbewachsenen Boden noch zu 80% und nach einer Grünlandspritzung noch fast zu 30% im Boden wiedergefunden. Werden DDT-Behandlungen jährlich wiederholt, wie im Obstbau, so nimmt der DDT-Gehalt des Bodens laufend zu. In einer Obstplantage in den USA wurden im 1. Jahr der Bekämpfung 21 kg, im 2. Jahr 53 kg und im 3. Jahr 81 kg DDT-Wirkstoff pro Hektar in den obersten 8 cm des Bodens festgestellt. Auch der Hexa-Wirkstoff hält sich jahrelang im Boden. In Ohio fand man nach einer Ausbringung von 11,2 kg Lindan pro Hektar 4½ Jahre später noch 16% des Wirkstoffs im Boden wieder.

Was bedeutet das alles für die im Boden lebenden Bakterien, Pilze und Kleintiere, die für die Bodenbildung und für das Pflanzenwachstum notwendig sind?

Die zahlreichen Untersuchungen zur Beantwortung dieser Frage zeigten überraschend, daß die *Bodenbakterien* und *-pilze* durch die weitaus meisten Insekten-, Pilz- und Unkrautgifte nicht beeinträchtigt, d. h. in ihren nitrifizierenden, oxydierenden und anderen für die Bodenbildung und damit für die Pflanzenernährung wichtigen Tätigkeiten nicht gehemmt werden. Eine Ausnahme machen nur jene wenigen Bekämpfungsmittel, wie Methylbromid, Schwefelkohlenstoff und andere, die zur Entseuchung kleiner Bodenmengen, vor allem im Gartenbau, Verwendung finden. Ihre große Aufwandmenge bei geringer Bodenmenge führt zu erheblichen Schäden der Mikroorganismen. So wurden z. B. nitrifizierende Bakterien durch Methylbromid bis zu 250 Tagen und denitrifizierende Bakterien durch Schwefelkohlenstoff sogar mehr als 2 Jahre gehemmt. Es ist die Frage, ob die Auswirkung derartiger Schäden auf das Pflanzenwachstum durch Zugabe von Nährstoffen in Form von Düngern wieder restlos ausgeglichen werden kann.

Viel empfindlicher auf Pflanzenschutzmittelreste im Boden als Bakterien und Pilze reagieren Würmer, Milben, Collembolen und andere *Bodentiere*, die mit den Bakterien zusammen durch Abbau der pflanzlichen Abfälle den für die Bodenfruchtbarkeit so wichtigen Humus erzeugen. Sie werden fast ausschließlich durch Insektizid- und Akarizid-Reste vergiftet. Von den hierzu vorliegenden zahlreichen Befunden seien nur zwei genannt. Nach Einhacken von 150 kg eines Hexa-Streumittels 3 cm tief in einen Ackerboden war noch nach 392 Tagen die Milbenfauna im Vergleich zu einer unbehandelten Fläche stark reduziert. Das Aufsprühen einer Hexa-Brühe mit 2,5 kg Wirkstoff pro Hektar auf einen Ackerboden hatte eine starke Verringerung der Milben und Collembolen zur Folge, die selbst nach 3½ Jahren erst zu etwa 50% behoben war. Für die Regenwürmer haben sich die Carbamate (z. B. Sevin) als besonders schädigend erwiesen. Auch wenn in anderen Fällen die

Schädigung der Bodenfauna bereits innerhalb weniger Monate durch Zuwanderung oder durch Vermehrung der Überlebenden wieder ausgeglichen wurde, so ist doch damit zu rechnen, daß die Unterbrechung bzw. Verminderung der humifizierenden Tätigkeit der Bodenfauna nicht ohne Folgen auf die Tätigkeit der Mikroorganismen und damit wieder auf das Pflanzenwachstum bleibt. Für ein abschließendes Urteil über den Einfluß der chemischen Bekämpfungsmittel auf die nützlichen Bodenlebewesen reichen die bisher vorliegenden Untersuchungen noch bei weitem nicht aus, zumal die Ergebnisse vorwiegend aus Laboruntersuchungen gewonnen wurden und damit nicht ohne weiteres auf Freilandverhältnisse übertragbar sind.

Wirkung auf Pflanzen

Nach dem soeben Gesagten können Insektizid-Rückstände im Boden auf dem Wege über eine Schädigung der Bodenorganismen indirekt das Pflanzenwachstum und den Ertrag vermindern. Es liegen jedoch auch zahlreiche Beobachtungen über direkt schädliche Wirkungen von Insektiziden auf Pflanzen vor. Besonders empfindlich gegen DDT-Anreicherungen im Boden sind z.B. Gurke, Kürbis, Tomate und Bohne, die mit Keimschädigungen und Ertragsrückgängen auf das Insektengift reagieren. Ähnliche Wirkungen bei anderen Kulturpflanzen wurden nach Überdosierungen von Hexa-Mitteln festgestellt.

Auch bei der oberirdischen Anwendung von Insektiziden treten vielfach Pflanzenschäden auf. Nur zum Teil sind sie als Blatt- oder Fruchtverkümmerungen, Blattverbrennungen (z.B. durch Obstbaum-Karbolineum) und andere Veränderungen sichtbar. Häufiger sind sie unserem Auge verborgen als Störungen der Assimilation, der Atmung und anderer physiologischer Prozesse, in deren Gefolge es oft zur Verminderung des Nährstoff- und Vitamingehalts kommt.

Ein altes Problem bilden die Verbrennungen der Pflanzen durch Fungizide, vornehmlich durch Kupfer- und Schwefelpräparate. Auch bei den neueren, die Pflanzen mehr schonenden organischen Fungiziden bleiben derartige Schäden leider nicht völlig aus. Zudem sind Kupfer- und Schwefelpräparate zur Bekämpfung zahlreicher Pilzkrankheiten auch heute noch unentbehrlich.

Die schwersten Schäden jedoch erleiden unsere Kulturpflanzen durch Unkrautbekämpfungsmittel (Herbizide). Das ist nicht verwunderlich, da Pflanzen natürlich durch Pflanzen-tötende Mittel am stärksten gefährdet sind. Die Anwendung von Herbiziden verlangt von den Gärtnern, Land- und Forstwirten ein hohes Maß an botanischen, chemischen und bodenkundlichen Kenntnissen sowie eine hohe Genauigkeit bei der Dosierung. Schon relativ geringe Überdosierungen können zur Vernichtung der ganzen Kultur und damit der Arbeit eines Jahres führen. Hinzu kommen die unberechenbaren Witterungseinflüsse. Zu starke Regenfälle waschen das Herbizid oft zu tief in den Boden, wo es anstatt der flacher wurzelnden Unkräuter die tiefer wurzelnden Kulturpflanzen abtötet. Eine auf solche Weise entstandene Schädigung bei Mohrrüben zeigt die Abb. 37. Zu starke Trockenheit verursacht

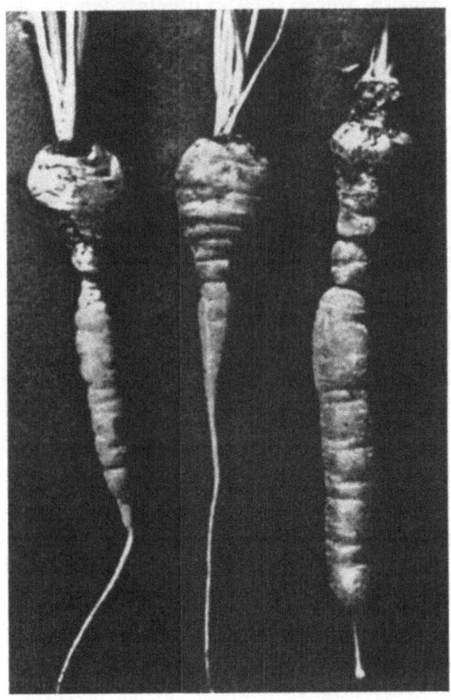

Abb. 37. Möhren, durch ein Herbizid geschädigt. (Nach H. ORTH)

69

dagegen leicht Verbrennungsschäden. Häufig treibt auch der Wind die feinen Herbizid-Tröpfchen auf angrenzende empfindlichere Kulturen.

Wirkung auf Tiere

Außer der bereits betrachteten Kleintierwelt des Bodens leiden unter der Anwendung von Insekten- und Milbengiften auch zahlreiche oberirdische Tiere.

Die stärksten Verluste erleidet die *Insekten-* und *Spinnenfauna* naturgemäß durch Insektizide. Es ist erschütternd zu sehen, wieviele dieser großenteils nützlichen Tiere zusammen mit den Schädlingen sterbend von den Pflanzen herabfallen. Im Anschluß an eine 1954 in Norddeutschland durchgeführte Bekämpfung der Lärchenminiermotte mit E 605-Staub wurden auf 20 qm Bodenfläche 5330 abgetötete nicht schädliche Insekten und Spinnen gezählt. Ähnliche Zahlen liegen von zahlreichen anderen Bekämpfungen vor. Erhöht werden diese hohen Verluste noch dadurch, daß die in den Schädlingen schmarotzenden, als Schädlingsfeinde besonders wichtigen Schlupfwespen und Fliegen zusammen mit ihren Wirten getötet werden. Weitere Verluste erleidet die Schlupfwespen- und Raupenfliegen-Fauna durch die Aufnahme von Blattlaus-Honigtautropfen, in denen sich das Bekämpfungsmittel löste.

Die Verluste an nützlichen *Insekten* und *Spinnen* sind um so größer, je weniger spezifisch das Bekämpfungsmittel wirkt und je größer die Behandlungsfläche ist. Die nützlingsschonendsten Insektengifte sind zur Zeit die „systemischen" Präparate, die — innerhalb der Pflanze verteilt — ausschließlich die saugenden Insekten töten. Leider sind aber unsere wichtigsten Insektengifte noch immer ausgesprochen unspezifisch, also „breitenwirksam". Sofern man wenigstens die Bekämpfungsfläche klein halten kann, vermag sich die Fauna durch Einwanderung aus der Umgebung relativ schnell und vollständig zu regenerieren. Hingegen dauert die Wiederbesiedlung großer — oft mehrere tausend Hektar umfassender — Bekämpfungsflächen sehr lange, sofern sie überhaupt in der alten Form zustande kommt.

Ein besonders wichtiges Problem in diesem Zusammenhang ist die Gefährdung unseres „Haustieres" unter den Insekten, der

Honigbiene. Bienengefährlich sind alle Berührungsgifte, zu denen unsere wichtigsten chemischen Bekämpfungsmittel, insbesondere die DDT-, Hexa- und Phosphorester-Präparate gehören. Nur zwei Wirkstoffgruppen, das Toxaphen und das Thiodan, die beide ganz überwiegend als Fraßgifte wirken, haben sich als bienenunschädlich erwiesen. Man verwendet sie deshalb — unter Inkaufnahme ihrer geringeren Wirksamkeit — überall dort, wo es auf den Schutz der Honigbiene besonders ankommt, wie z. B. beim Spritzen während der Blütezeit. Insektizide in Staubform sind für die Honigbiene giftiger als flüssige Präparate. Am giftigsten sind die Phosphorsäure-Ester. Die von ihnen vergifteten Bienen erreichen zum großen Teil noch den Stock und werden von den Wächterbienen eingelassen. Im Inneren des Stockes aber werden sie bald als vergiftet erkannt und aus dem Stock entfernt. Die hierbei mit den vergifteten Bienen in Berührung kommenden Bienen werden ebenfalls vergiftet und ihrerseits aus dem Stock gedrängt. Auf diese Weise kommt es zu einer Kettenreaktion, zu einem regelrechten Bienenkrieg, dessen Verluste ein Vielfaches der ursprünglich vergifteten Tiere betragen. Im Experiment löste man z. B. mit je 10 vergifteten Bienen künstliche „Bienenkriege" aus, die je nach Volksstärke mit 600 bis 930 Toten endeten. Seit Erlaß der Bienenschutzverordnung 1950 werden — nicht zuletzt infolge der darauf fußenden zahlreichen Schadensersatzprozesse — die privaten und staatlichen Bekämpfungsaktionen praktisch alle im Einvernehmen mit den örtlichen Imkerorganisationen durchgeführt.

Als zweite große Tiergruppe neben den Insekten und Spinnen werden die Wirbeltiere von der chemischen Bekämpfung mitbetroffen. Hierüber gibt es schon eine fast unüberschaubare Literatur.

Die größte Empfindlichkeit gegenüber chemischen Pflanzenschutzmitteln, insbesondere Insektiziden, zeigen die *Fische*. Das mag damit zusammenhängen, daß Fische ebenso wie Insekten „Kaltblüter" sind und daher nicht wie die Vögel und Säugetiere das Gift durch höhere Körpertemperatur schneller abbauen und unschädlich machen können. Hinzu kommt, daß die Fische mit den im Wasser gelösten Giften allseitig in Berührung kommen. In der Tab. 1 sind die tödlichen Giftwerte (DL 50) der wichtigsten Insektizide für Fische (Karpfen und Forelle) im Vergleich zu einer Säugetierart (Ratte) zusammengestellt. Man sieht, daß schon sehr

geringe Giftmengen zur Abtötung von Fischen ausreichen. Man
sieht aber auch, daß die Fische in anderer Weise auf die Insektengifte reagieren als die Ratte (vergleiche z. B. die DDT- und Hexa-
wirkung bei Fisch und Ratte).

Tabelle 1. *Tödliche Giftdosis für Ratte, Forelle und Wasserfloh*

| | Tödliche Giftdosis (DL 50) | | |
	Ratte mg/kg Gewicht	Forelle mg/l Wasser	Wasserfloh mg/l Wasser
Malathion (P-Ester)	1400	2	0,003
DDT	250	0,1	0,02
HCH	90	0,5	0,7
Toxaphen	90	0,05	0,2

Noch weitaus empfindlicher als die Fische reagieren auf Insektizide — wie Tab. 1 zeigt — die *Gliederfüßler*, die den Fischen als
Nahrung dienen, wie z. B. die Wasserflöhe. Es kommt daher nicht
selten vor, daß nach einer chemischen Bekämpfung die Fische
nicht durch die Giftwirkung unmittelbar, sondern infolge Mangels
an Nahrung sterben. In das Wasser gelangen die Bekämpfungsmittel in der Regel durch mitbesprühte oder -bestäubte kleine
Wasserläufe oder auch durch den Grundwasserstrom. Daher ist
es oft nicht möglich, bei Bekämpfungen in Teichgebieten die
Fische vor Vergiftungen zu bewahren.

Frösche und andere *Amphibien* reagieren, soweit sie sich im
Wasser befinden, auf Insektizide in etwa gleicher Weise wie die
Fische. Über die Gefährdung landlebender Amphibien und *Rep-
tilien* ist dagegen noch kaum etwas bekannt.

Um so intensiver hat man sich mit den Beziehungen der *Vögel*
zur chemischen Schädlingsbekämpfung auseinandergesetzt. Die
größte Gefahr für die Vogelwelt bergen sicherlich die großflächi-
gen Insektizidanwendungen, die im Bekämpfungsgebiet nahezu
die gesamte Insektenfauna vernichten. Werden solche Aktionen
während der Brutzeiten insektenfressender Vögel durchgeführt,
und das ist meistens der Fall, so sind Vogelverluste infolge Ver-
hungerns von Bruten unausbleiblich. Aus einigen Ländern liegen
auch Meldungen über Brutverluste infolge Verfütterns vergifteter

Insekten vor. Nachprüfungen ergaben jedoch, daß in solchen Fällen die Giftmittel stark überdosiert waren. Dies stimmt mit Käfigversuchen überein, wonach stark übernormale DDT- und Hexa-Mengen für eine tödliche Vergiftung von Jungvögeln durch Fütterung mit vergifteten Insekten notwendig waren. Bei akkumulierenden Giften wie dem DDT können Überdosierungen allerdings auch — wie eine Beobachtung aus den USA zeigt — bei normaler Giftanwendung im Körper der Beutetiere entstehen, die dann den Vögeln zum Verhängnis werden. Im genannten Fall war mehrere Jahre hindurch ein Ulmenbestand zweimal jährlich mit DDT normaler Dosis zur Bekämpfung eines Ulmenschädlings gespritzt worden. Danach traten erhebliche Verluste an Wanderdrosseln infolge des Verzehrs von Regenwürmern auf, die DDT mit vermodernden Blättern aufgenommen und in ihrem Körper gespeichert hatten.

Direkte, nicht über die Nahrung verlaufende tödliche Vergiftungen von Vögeln sind dagegen bei einigermaßen vernünftiger Anwendung der Insektizide und anderer chemischer Bekämpfungsmittel unmöglich.

Für samenfressende Vögel bilden die Bepuderung des Saatgutes mit Aldrin oder Dieldrin zur Bekämpfung von Bodenschädlingen sowie die Verwendung gifthaltiger Samen zur Abtötung land- und forstwirtschaftlich schädlicher Mäuse Gefahren. Zum zweiten Fall zeigten Experimente, daß bei Getreidekörnern mit 8—10% Zinkphosphidgehalt (= 15—16 mg Gift pro Korn) die tödliche Dosis schon bei 28—30 mg Giftaufnahme je kg Körpergewicht des Vogels erreicht ist. Das heißt, daß ein 1 kg schwerer Fasan bereits durch 2 Giftkörner und eine 4 kg schwere Graugans durch 8 Giftkörner getötet werden. In Deutschland müssen zwar die — zur Unterscheidung gefärbten — Giftkörner tief in die Mäuselöcher oder unter Reisighaufen ausgelegt werden, dürfen also nicht frei auf dem Erdboden liegen. Leider werden aber häufig solche Samen von den Mäusen an die Oberfläche geschleppt oder das Reisig vom Wild auseinandergezogen. So entstehen trotz aller Vorsicht immer wieder Verluste an Federwild. Noch gefährlicher als Zinkphosphid ist Thallium als Giftbeimischung zum Getreide. Da Thallium sich nicht wie das Zinkphosphid in toten Mäusen rasch zersetzt, kann es hier zu Vergiftungen von Tagraubvögeln und Eulen infolge

Verzehrens vergifteter Mäuse kommen. Solche Vergiftungen werden dadurch begünstigt, daß die unter Giftwirkung stehenden Mäuse sich nicht mehr verkriechen und deshalb leicht von den Vögeln zu fangen sind.

In gleicher Weise wie die genannten Vögel sind durch den Fraß Thallium-vergifteter Mäuse auch einige *Säugetierarten* wie Iltis, Wiesel und Katze gefährdet. Abgesehen von diesem Sonderfall sind jedoch die Säuger die heute am wenigsten von der chemischen Bekämpfung betroffene Tiergruppe. Sie erlitten während der Arsen-Epoche, also vor allem in den ersten drei Jahrzehnten unseres Jahrhunderts, infolge der für Warmblüter hohen Toxizität der Arsenpräparate hohe Verluste. Nach Einführung der synthetischen Insektizide traten bisher im Rahmen vorschriftsgemäßer Bekämpfungsaktionen nur bei Verwendung von Endrin zur Flächenbegiftung von Feldmäusen Verluste unter dem Wild und Weidevieh auf, das von dem vergifteten Gras gefressen hatte. Die Endrin-Päparate dürfen seither in der Bundesrepublik nicht mehr zur Grasflächen-Behandlung verwendet werden. Trotzdem bleiben natürlich noch genug Möglichkeiten zur Vergiftung von wildlebenden und Haus-Säugetieren infolge von Überdosierungen und Unvorsichtigkeiten. Besonders das Stehenlassen unabgedeckter Giftbrühen, das Wegschütten von Giftresten oder Wegwerfen von Giftbehältern haben noch viel zu oft Vergiftungen von Weide- und Haustieren zur Folge.

Allem was soeben über die Beziehungen zwischen der Tierwelt und der chemischen Bekämpfung gesagt wurde, lag immer die Fragestellung zugrunde: bleibt das betreffende Tier am Leben oder stirbt es an der Vergiftung? Das ist natürlich eine sehr grobe Fragestellung, denn zweifellos wird die Gifteinwirkung auch für viele der nicht tödlich vergifteten Tiere Folgen haben, wie Wachstumsstörungen, Erhöhung der Krankheitsanfälligkeit und andere mehr. Sie bleiben nur für gewöhnlich unserem Blick verborgen.

Begünstigung von Schädlingen

Die chemische Schädlingsbekämpfung greift in hochkomplizierte Beziehungsgefüge der Natur ein, die nur oberflächlich oder noch gar nicht bekannt sind. Das hat unter anderem zur Folge, daß in nicht seltenen Fällen das Bekämpfungsergebnis nicht in der erwarteten Vernichtung des Schädlings besteht, sondern gerade im Gegenteil in seiner Begünstigung oder in der Begünstigung einer anderen Schädlingsart. Dieses unerwünschte Ergebnis wird meist nicht sofort, sondern weil die Vorgänge Zeit benötigen, erst nach Monaten oder Jahren bemerkt.

Eines der ältesten Beispiele hierzu ist die Vermehrung der Obstbaum-Spinnmilbe, Metatetranychus ulmi (Abb. 38), infolge

Abb. 38. Obstbaum-Spinnmilbe, ca. 20fach vergr.; unten links: Männchen; rechts: Weibchen; oben rechts: Larve. (Nach Bayer Pflschtz.-Compend.)

der Bekämpfung des Obstwicklers und anderer Schadinsekten mit DDT. Vor Einführung der DDT-Mittel war diese Milbenart im Obstbau so gut wie unbekannt. Heute ist sie ein Obstschädling ersten Ranges. Die Ursache fand man darin, daß die wichtigsten räuberischen Feinde der Milbe, eine Raubmilbenart sowie zwei Thripsarten, viel stärker gegen DDT anfällig sind als der Schädling.

75

In normalen Zeiten fressen sie so viele Eier, Larven und erwachsene Tiere der Spinnmilbe, daß diese auf einem niedrigen, für den Obstbau unschädlichen Dichteniveau bleibt. Sobald das DDT aber diese *räuberischen Schädlingsfeinde vernichtet*, kann sich der Schädling ungehindert vermehren.

Die Zahl derartiger Beispiele wächst rapide, wobei die schädlingsfördernden Präparate durchaus nicht immer Insektizide sind. So wurde z. B die Kommaschildlaus, Lepidosaphes ulmi, in Kanada durch die Schorfbekämpfung mit einem schwefelhaltigen Fungizid zu einem ernsten Apfelschädling, weil ihre zwei wichtigsten Feinde, eine Schlupfwespen- und eine Raubmilbenart, ausgeschaltet worden waren.

Der den Schädling begünstigende Effekt kann aber auch auf indirekte Weise durch *Vernichtung der Unkräuter* eintreten. Damit hat es folgende Bewandtnis: Unsere wichtigsten Schädlingsfeinde, die Schlupfwespen und Raupenfliegen, fressen die von ihnen befallenen Kulturpflanzenschädlinge von innen her auf. Die weitaus meisten von ihnen benötigen im Verlauf des Jahres hintereinander mehrere Wirtsarten, weil sie eine sehr kurze Entwicklungszeit und daher mehrere Generationen im Jahr haben. So entwickeln sich z. B. zahlreiche winzige, nur 1—3 mm Flügelspannweite aufweisende Schlupfwespenarten in den Eiern schädlicher Insekten (Abb. 39). Wenn nach einigen Wochen die nächste Schlupfwespengeneration die ausgefressenen Hüllen der Schädlingseier verläßt, stehen ihr zur Parasitierung keine Eier des ersten Wirtes mehr zur Verfügung. Die Schlupfwespenweibchen müssen daher nach anderen Insekten Umschau halten, deren Eier sie mit ihren eigenen Eiern belegen können. Sie finden die neuen Wirte zumeist nicht mehr an der betreffenden Kulturpflanze, sondern an den Unkräutern. So parasitiert z. B. die in Abb. 39 dargestellte Schlupfwespenart, die im Frühjahr die Eier der Getreidewanze vernichtet, im Sommer in den Eiern mehrerer an Disteln und Umbelliferen saugender, also unschädlicher Wanzenarten. Vernichtet man nun mit Herbiziden die Unkräuter, so entzieht man damit nicht allein den an Unkräutern lebenden Insekten, sondern auch den in ihnen zu bestimmten Zeiten des Jahres parasitierenden Schädlingsfeinden die Lebensgrundlage. Das bedeutet eine starke Begünstigung der Kulturpflanzenschädlinge.

Eine weitere Art der Schädlingsbegünstigung durch chemische Bekämpfungsmittel beruht auf der *Erhöhung der Anfälligkeit* (Krankheits- bzw. Schädlings-Disposition) *der Kulturpflanzen*. Wie

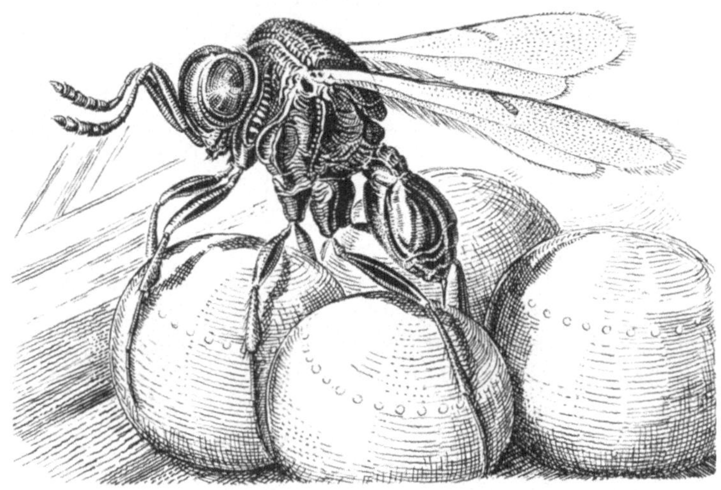

Abb. 39. Schlupfwespe bei der Ablage ihrer Eier in die Eier der Getreidewanze hinein, ca. 20fach vergr.

wir sahen, erleiden die Pflanzen unter der Einwirkung chemischer Mittel vielfach Störungen ihrer normalen Funktion. Es ist einleuchtend, daß dabei auch die Abwehrkräfte gegenüber den Krankheiten und Schädlingen mit betroffen werden. Seit altersher weiß der Kulturpflanzenbauer, daß eine Pflanze ihren Feinden um so stärkeren Widerstand entgegensetzt, je gesünder sie ist und umgekehrt, daß geschwächte Pflanzen den Schädlingen als erste zum Opfer fallen. So fand man denn auch in jüngerer Zeit unter anderem, daß von wuchsstoffhaltigen Herbiziden geschwächter Hafer stärker von der Fritfliege befallen wird, daß durch Beizung von Rübensamen die Cercospora-Blattfleckenkrankheit zunimmt, daß nach DDT- und Hexa-Spritzungen des Kartoffelkrautes die Knollen stärker von der Phytophthera-Seuche befallen werden und daß DDT- und Hexa den Braunrost des Weizens begünstigen.

Schließlich können die Schädlinge noch dadurch in ihrer Vermehrung gefördert werden, daß die Vernichtung eines Teiles der

Schädlinge dem am Leben bleibenden Teil *bessere Entwicklungs-
bedingungen* verschafft. Man hat solche Fälle unter anderem bei der
Bekämpfung von Erd- und Feldmäusen mit Ködergiften kennen-
gelernt. An den Ködern fraß und vergiftete sich nur ein Teil der
in starker Massenvermehrung befindlichen Mäuse, wodurch beim
überlebenden Teil das Körpergewicht und die Nachkommenzahl
stark erhöht wurden, weil ja nunmehr die Nahrung für ihn voll
ausreichend war. Ohne diese Verringerung wären die meisten
Tiere verhungert, und die übrigen hätten infolge Schwächung
durch Nahrungsmangel nur eine geringe Nachkommenzahl her-
vorgebracht. Auch bei der bereits erwähnten Obstbaum-Spinnmilbe beobachtete man eine Erhöhung der Nachkommenzahl
(Eiproduktion) nach Anwendung eines chemischen Bekämpfungsmittels (DDT). Das Gift schöpfte einen Teil der riesigen Milben-
menge ab und verbesserte damit die Ernährungs- und Vermehrungsbedingungen für die Überlebenden.

Wirkungen auf den Menschen

Am beunruhigendsten sind natürlich die Wirkungen der chemischen Bekämpfungsmittel auf den Menschen. Obwohl gerade über
sie besonders intensiv geforscht wird und bereits eine fast unüber-
sehbare Spezialliteratur besteht, wissen wir — im ganzen betrachtet — darüber noch wenig Bescheid. Das liegt in erster Linie an den
grundsätzlichen Schwierigkeiten, die einer Erforschung von Ver-
giftungsvorgängen im menschlichen Körper entgegenstehen. Um
über die Wirkungsweise der verschiedenen Mittel, Dosierungen
und Anwendungsformen im menschlichen Körper etwas aussagen
zu können, ist man auf die Untersuchung von Unglücksfällen,
einiger weniger Selbstversuche sowie insbesondere von Tier-
versuchen angewiesen, wobei die Ergebnisse aus letzteren natürlich nur unter Vorbehalt auf den Menschen übertragen werden
können. Das Standard-Versuchstier ist wegen der leichten Zücht-
barkeit im Labor, wegen des relativ großen Körpergewichtes und
der dem Menschen im Prinzip ähnlichen Ernährungsweise die
Ratte.

Wenn ein Mensch nach einer einmaligen Aufnahme eines
Pflanzenschutzmittels erkrankt oder gar stirbt, spricht man von

akuter Vergiftung bzw. einer akuten Giftigkeit des Mittels. Sieht man von Selbstmorden mit Pflanzenschutzmitteln ab, so beruhen fast alle Fälle akuter Vergiftungen auf einer Nichtbeachtung der Vorsichtsmaßnahmen, wie z. B. genaue Dosierung, Spritzen mit dem Wind, Tragen von Schutzkleidung, Vernichtung von Präparateresten und anderen, auf die bereits durch die Inschrift der Packungen aufmerksam gemacht wird. Ausführliche Richtlinien über den Umgang mit giftigen Pflanzenschutzmitteln enthalten die Merkblätter der Pflanzenschutz-Dienststellen. Auf groben Leichtsinn beruhende Unfälle etwa derart, daß Kinder ahnungslos Lösungen giftiger Präparate trinken, dürfen einfach nicht vorkommen. In der Gesamtstatistik der tödlichen Unglücksfälle in der Landwirtschaft machen die Pflanzenschutzmittel-Vergiftungen heute erfreulicherweise nur noch einen sehr kleinen Prozentsatz von etwa 0,2% aus.

Weniger durchsichtig und unheimlicher als die akute Giftigkeit ist die *chronische* Giftigkeit chemischer Bekämpfungsmittel, worunter man ihre Wirkung bei wiederholter Aufnahme kleinerer Giftmengen versteht. Chronische Vergiftungen sind am ehesten bei jenem Personenkreis zu erwarten, der bei der Herstellung oder Anwendung der Bekämpfungsmittel sehr häufig mit Giften zu tun hat. In der Tat sind aus diesem Kreis schon einige chronische Vergiftungsfälle mit länger anhaltenden Beschwerden, wie z. B. Schwindelgefühl, Leberschmerzen u. a. oder gar mit Todesfolge bekannt geworden. In den meisten Fällen jedoch verschwanden die Beschwerden, wenn die Betreffenden nicht mehr dem chemischen Mittel ausgesetzt waren. Diese Fälle zeigen, wie wichtig die strikte Befolgung von Vorsichtsmaßnahmen sowie das Aufsuchen des Arztes bei den geringsten Beschwerden für diesen Personenkreis ist.

Besonders schwerwiegend und daher viel erörtert ist die Frage, ob chronische Vergiftungen durch *Aufnahme von Pflanzenschutzmittelrückständen mit der Nahrung* möglich sind. Die Analysen der Nahrungsmittelchemiker in aller Welt haben ja immer wieder gezeigt, daß sich heute in den meisten Ernteprodukten und daraus hergestellten Lebensmitteln sowie auch in der Milch, in Eiern und im Fleisch Rückstände von Pflanzenschutzmitteln, insbesondere des DDT, befinden. Ja, selbst die Luft enthält nach neuen Untersuchungen wahrscheinlich überall auf der Erde kleine Mengen von DDT als Rückstände chemischer Schädlingsbekämpfungen. Diese Tatsachen drängen zu der Frage, ob die menschliche Gesundheit nicht auf diese Weise von chronischen Vergiftungen bedroht ist.

Die Lebensmittel- und Gesundheitsschutz-Gesetze aller Länder, in der Bundesrepublik Deutschland die am 1. 1. 1968 in Kraft getretene Höchstmengen-Verordnung als Ergänzung zum Lebensmittelgesetz 1958 lassen in den Lebensmitteln Pflanzenschutzmittelrückstände bis zu bestimmten Höchstmengen, den Toleranzwerten, zu, die nach dem heutigen Stand wissenschaftlicher Erkenntnis als gesundheitlich unbedenklich angesehen werden können. Bei der Bestimmung der Toleranzwerte der einzelnen Wirkstoffe wendete man ein sehr hohes Maß an Vorsicht an. Man bestimmte zunächst in Giftfütterungs-Experimenten an Säugetieren, meist Ratten, die unterste tägliche Giftdosis pro kg Körpergewicht, die nach mehrjähriger täglicher Giftzufuhr gerade noch erkennbare Vergiftungserscheinungen bewirkt, und legte daraufhin bei einem sehr geringen Bruchteil (etwa 1/100) dieser Dosis die Toleranzdosis pro kg Nahrung fest, die maximal als Rückstand im Nahrungsmittel enthalten sein darf. Die *Toleranzdosis* wird in millionstel Prozent „parts per million" (ppm) angegeben, bezogen auf das Frischgewicht des Nahrungsmittels. So beträgt z.B. die Toleranzmenge des DDT 5 ppm, mit anderen Worten: 1 kg frischen Obstes oder Gemüses dürfen 5 mg (= 5/1000 g) DDT enthalten.

Es besteht die Gewähr, daß eine Obst- oder Gemüseart den zulässigen Toleranzwert nicht überschreitet, wenn das Bekämpfungsmittel richtig dosiert war und die von der Biologischen Bundesanstalt vorgeschriebene *Wartezeit* zwischen den Bekämpfungs- und dem Erntetermin eingehalten wurde. Toleranz und Wartezeit gehören also eng zusammen. In einem Beispiel hierzu sei Kopfsalat betrachtet, der mit einem Phosphorsäureester (Parathion) gegen Blattläuse gespritzt wurde. Er darf eine tolerierte Rückstandsmenge von 1 ppm Parathion pro kg Frischgewicht enthalten, und seine vorgeschriebene Wartezeit von der Spritzung bis zur Ernte beträgt 14 Tage. Die Untersuchung der Rückstandsabnahme hatte hier gezeigt, daß der Salat am 1. Tag nach der Spritzung = 6,1 ppm Rückstände,

am 3. Tag nach der Spritzung = 2,3 ppm Rückstände,

am 7. Tag nach der Spritzung = 0,7 ppm Rückstände und

am 14. Tag nach der Spritzung = weniger als 0,05 ppm

an Rückständen, d.h. weniger als $^1/_{20}$ der Toleranzdosis enthielt. Mit diesem sehr großen Sicherheitsfaktor wurde die Wartezeit auf 14 Tage festgesetzt. Bei Mitteln mit langsamerer Zersetzung ist die Wartezeit entsprechend länger; sie beträgt bei DDT z.B. für Gemüse 4 Wochen.

Von der Regel, daß bei Einhaltung der Vorschriftsdosis und der Wartezeit keine über der Toleranzgrenze liegenden Rückstände vorhanden sind, machen einige Gemüsepflanzen eine Ausnahme: die Radieschen, Rettiche und vor allem die Möhren. In ihnen reichern sich auch bei normaler — aber mehrmaliger — Bekämpfung die Bekämpfungsmittel an und zersetzen sich nur langsam. So wurden in Radieschen, deren Samen man vor dem Säen mit Aldrin + Dieldrin inkrustierte, noch 46 Tage später 0,75 ppm Aldrin + Dieldrin und bei Möhren, die den gleichen Maßnahmen unterlagen, gar noch nach 158 Tagen mehr als 1,5 ppm dieses Insektizids festgestellt. Das ist bei einer Toleranzgrenze von 0,1 ppm das 7- bis 15-fache des Toleranzwertes. Kaum hatte man diese Sonderstellung der Möhren und Rettiche erkannt, als der erste Fall einer Aldrin + Dieldrin-Vergiftung aus dem Rheinland gemeldet wurde. Hier war der Verdacht entstanden, daß der bei einigen Kleinkindern beobachtete Stillstand des Wachstums sowie Gewichtsrückgang mit dem Genuß von Möhren zusammenhängen könnte, die mit Aldrin + Dieldrin behandelt worden waren. Tatsächlich wurden die Kinder wieder gesund, nachdem man ihnen nur unbehandelte Möhren zu essen gegeben hatte. Die Anwendung von Aldrin- und Dieldrin-Präparaten wurde daraufhin von den Bundesländern bei Radieschen, Rettichen und Möhren verboten. Dieses Verbot enthält auch die neue Bundes-Höchstmengenverordnung vom Januar 1968.

Die genannten Krankheitserscheinungen nach dem Genuß Aldrin- und Dieldrin-behandelter Möhren bilden bis heute den einzigen Fall einer, wenn auch nicht sicher nachgewiesenen, so doch wahrscheinlichen akuten Gesundheitsschädigung durch Pflanzenschutzmittelrückstände in der Bundesrepublik, obwohl doch täglich viele Millionen Menschen rückstandshaltige Nahrungsmittel zu sich nehmen. Das zeigt, daß die Toleranzwerte tatsächlich niedrig genug liegen, um Erkrankungen zu verhindern.

So wäre denn also alles in Ordnung?

Diese Frage dürfen wir so lange nicht bejahen, bis nicht zwei Forderungen erfüllt sind. Die erste Forderung betrifft die Rückstandskontrolle. Was nützt die Einführung der Toleranzwerte und Wartezeiten, wenn sie nicht überwacht werden? Der Verbraucher hat bis heute noch nicht die Sicherheit, daß die Rückstände in den Nahrungsmitteln auch tatsächlich unter den zulässigen Grenzwerten liegen. Er muß deshalb mit Nachdruck die Einführung entsprechender Kontrollen fordern oder zumindest die beschleunigte Schaffung der methodischen Voraussetzungen hierfür. Denn der Einführung einer umfassenden und sicheren Rückstandsmengenkontrolle steht zur Zeit als Haupthindernis entgegen, daß es den meisten staatlichen Lebensmittel-Untersuchungsämtern technisch noch nicht möglich ist, die überaus schwierigen und aufwendigen Rückstandsanalysen schnell und sicher durchzuführen.

Selbst wenn aber eine Rückstandskontrolle für die Einhaltung der Toleranzgrenzen sorgen würde, könnte sich der Verbraucher damit nicht zufrieden geben so lange nicht einwandfrei nachgewiesen ist, daß diese Rückstände weder akute noch chronische Gesundheitsschäden beim Menschen verursachen. Einige Insektizide, als wichtigstes das weltweit in größtem Umfang verwendete DDT, werden im menschlichen Fettgewebe gespeichert und langsam angehäuft. Untersuchungen über den DDT-Gehalt im Körperfett der Bevölkerung ergaben einen Durchschnitt in den USA von 10,3 ppm (1963), in Frankreich von 5,2 ppm (1961) und in der Bundesrepublik Deutschland von 2,3 ppm (1959) pro kg Körperfett. Nachteilige Wirkungen dieser Insektizid-Depots im menschlichen Körper sind zwar bis heute nicht bekannt, doch reichen unsere Kenntnisse für ein endgültiges Urteil über ihre hygienische Bedeutung nicht aus.

Die oft zu hörende Behauptung, Pflanzenschutzmittelrückstände würden Krebskrankheiten induzieren, ist noch in keinem Fall bewiesen worden. Bis heute sind allein etwa 300 Kohlenwasserstoff-

verbindungen bekannt, darunter einige aus den Abgasen der Kraftfahrzeuge, die beim Menschen krebserregend (karzinogen) sein
können; von unseren synthetischen Pflanzenschutzmitteln auf
Kohlenwasserstoffbasis ist jedoch keines darunter. Auch von den
anderen heute in Gebrauch befindlichen chemischen Bekämpfungsmitteln sind karzinogene Wirkungen beim Menschen nicht
bekannt geworden. In Versuchen an Mäusen und Ratten haben
sich allerdings zwei Insektizide auf Chlorkohlenwasserstoffbais,
und zwar wieder die bereits mehrfach genannten Wirkstoffe
Aldrin und Dieldrin, als krebsfördernd erwiesen. So trat bei
Mäusen nach einer zwei Jahre währenden Beigabe von 10 ppm
Aldrin zur täglichen Nahrung eine Erhöhung der Zahl an Leber-
tumoren auf. Abgesehen davon, daß von den Wirkungen auf
Mäuse nicht auf solche beim Menschen geschlossen werden darf,
würde ein Mensch auch niemals derartig hohe Aldrinmengen (auf
einen Menschen von 70 kg Gewicht umgerechnet: innerhalb von
2 Jahren etwa 15 Mill. mg = 15 kg!) in seinen Körper aufnehmen.

Insgesamt betrachtet bleibt ein Unbehagen über die in unseren
Nahrungsmitteln enthaltenen Pflanzenschutzmittelrückstände, solange wir nicht alles über ihre Wirkungen wissen. Die Bemühungen des Gesetzgebers, des Pflanzenschutzdienstes und aller ver-
antwortungsbewußten Menschen sollte daher darauf gerichtet
sein, so bald wie möglich wenigstens unsere Haupt- und Grundnahrungsmittel wie Fett, Milch, Fleisch und Brot sowie auch die
Luft von Schädlingsbekämpfungsmitteln freizuhalten.

6. Biologische Bekämpfung

Im gleichen zunehmenden Maße wie in den vergangenen Jahrzehnten die bedenklichen Nebenwirkungen der chemischen Schädlingsbekämpfung in Erscheinung traten, wurden die Bemühungen
verstärkt, biologische Bekämpfungsverfahren zu entwickeln, um
mit ihrer Hilfe die chemische Bekämpfung und deren biologische
und hygienische Nebenwirkungen einzuengen.

Man kann den Begriff der biologischen Schädlingsbekämpfung
eng fassen und darunter nur die Verwendung von Schädlingsfeinden zur Vernichtung von Schädlingen verstehen, wie z. B den

Einsatz von Katzen zur Vernichtung von Mäusen. Man kann aber auch in einem weiteren Sinne alle jene Maßnahmen der biologischen Bekämpfung zurechnen, die die Abwehrkräfte der Kulturpflanzen oder gar der ganzen Lebensgemeinschaft (Biozönose) gegen die Schädlinge stärken, und auf diese Weise Schädlingsvermehrungen zu verhindern oder zu vermindern versuchen. Biologische Bekämpfung heißt dann: Schädlingsbekämpfung durch Mobilisierung von Lebewesen einschließlich der gefährdeten Kulturpflanzen selbst. In diesem umfassenden Sinn soll die biologische Schädlingsbekämpfung hier betrachtet werden.

Kulturmaßnahmen

Schon durch land- und forstwirtschaftliche Kulturmaßnahmen kann man einer Reihe von Schädlingen entgegentreten. Vor Anlage einer Kultur sollte stets zuerst geprüft werden, ob nicht die *Lage*, der *Boden* und das *Klima* bestimmte Schädlingsarten oder -gruppen begünstigen. So sind z. B. Pflanzenbestände auf feuchtigkeits- und nährstoffarmen Böden erfahrungsgemäß durch Insektenvermehrungen besonders gefährdet. Je schlechtere Wachstumsbedingungen die Pflanzen vorfinden, um so weniger gut überstehen sie die ihnen von Schädlingen zugefügten Substanzverluste. Darüber hinaus mehren sich in den letzten Jahren die Hinweise darauf, daß unter schlechten Standortbedingungen wachsende Pflanzen für viele Schädlingsarten einen höheren Nahrungswert haben als gutwüchsige Pflanzen und auf diesem Wege über die Schädlingsernährung die Schädlingsvermehrung begünstigen. Neuere Untersuchungen zeigten, daß z. B. blatt- und nadelfressende Forstinsekten an schlecht mit Feuchtigkeit versorgten Bäumen eine geringere Sterblichkeit und eine höhere Eizahl haben als auf anderen Bäumen. Nicht die üppig wachsende gesunde Pflanze also „schmeckt" diesen Insekten am besten und fördert ihre Vermehrung, sondern gerade die schlecht wachsende kränkliche Pflanze. Das gilt allerdings nur für die fressenden Insekten, nicht für die saugenden Formen, wie die Blatt- und Schildläuse. Ihre Vermehrung steigt vielmehr mit dem Saftdruck (Turgor) des Pflanzengewebes, so daß sie an den kräftigsten und am besten in Saft stehenden Pflanzen die günstigsten Vermehrungsbedingungen finden.

Somit sollten die Standortansprüche nicht nur der Kulturpflanzen, sondern auch die ihrer wichtigsten Schädlinge vor der Anlage der Kultur Berücksichtigung finden. Im allgemeinen gilt, daß auf trockenen Standorten die tierischen Schädlinge, auf feuchten dagegen die Pilzkrankheiten begünstigt werden. Als Beispiele seien genannt: der Pilz Gloesporidium lindemuthianum, der die Bohnenblätter vorzugsweise auf feuchten Standorten befällt, die Kiefern- und Fichtenblattwespen, die sich im Gegensatz dazu auf trockenen Standorten vermehren, sowie die Kohlherzgallmücke (Contarinia nasturtii), die windgeschützte Kohlfelder bevorzugt. Man sollte daher in Gebieten, in denen diese Gallmücke stärker auftritt, für den Kohlanbau freiliegende, dem Wind ausgesetzte, Felder wählen.

Dort, wo die Bodenbedingungen für die Pflanze zu ungünstig und damit für bestimmte Schädlinge zu günstig sind, kann man versuchen, dieses Verhältnis mit Hilfe der *Düngung* umzukehren. So verringert sich z.B. der Umfang der Schwarzbeinigkeit des Getreides (Fusarium-Pilze) sowie der Krebsbefall des Obstes (Pilz: Nectria galligena) nach einer Düngung mit Stickstoff, Phosphor und Kali erheblich. Auch zahlreiche Insektenarten reagieren auf Düngungsmaßnahmen infolge der dadurch eintretenden Verschlechterung ihrer Ernährungsbedingungen mit einem Befallsrückgang, wie z.B. die Kleine Fichtenblattwespe, der Kleerüßler und der Maiszünsler. Andererseits wurden aber auch Fälle bekannt, bei denen sich bestimmte Schädlingsarten nach einer Düngung vermehrten. Bei Untersuchung dieser Fälle zeigte sich, daß es sich um Organismengruppen — vor allem um Viren sowie blattsaugende Milben und Insekten — handelte, deren Ernährung mehr von physikalischen als von chemischen Faktoren bestimmt wird. Die Düngung ist somit kein Allheilmittel, sondern wirkt auf verschiedene Schädlingsarten in verschiedenem Sinne. Auch von der Art und der Menge des Düngers sowie von der Düngungszeit ist die Wirkung auf die Schädlinge abhängig. Überdüngungen mit Stickstoff z.B. führten zu Schadinsektenvermehrungen, während mäßige Stickstoffgaben solche verhinderten. Insgesamt betrachtet bildet die gezielt angewandte Düngung ein kompliziertes und noch am Anfang seiner Erforschung stehendes, aber sehr aussichtsreiches Verfahren des biologischen Pflanzenschutzes.

Auf die enge Beziehung zwischen der *Bodenbearbeitung* und dem Schädlingsbefall machten einige Phytopathologen schon zu Anfang des Jahrhunderts aufmerksam. Die den Schädlingen abträgliche Wirkung der Bodenbearbeitung beruht einmal auf der Kräftigung der Pflanze durch die Bodenlockerung, die den Sauerstoff- und Wasserhaushalt des Bodens günstig beeinflußt, zum zweiten auf der direkten Vernichtung eines Teiles der im Boden lebenden Schädlinge und zum dritten auf der sich aus der Bodenlockerung ergebenden Beschleunigung des Pflanzenwachstums. Letztere bewirkt, daß die Pflanze vielen Schädlingen „davonwächst". Es greifen nämlich zahlreiche Krankheitserreger und schädliche Tierarten die Pflanzen nur während einer kurzen Zeit innerhalb der ersten Entwicklungsphase an, wie z.B. die genannte Kohlherzgallmücke, die die jüngsten Kohlpflänzchen für ihre Eiablage in den Herzblättern benötigt. Beschleunigt man das Wachstum der Pflanze in dieser anfälligen Phase, so verkürzt sich dadurch die Angriffszeit für den Schädling.

Auch die *Saatzeit* hat in diesem Zusammenhang Bedeutung. Man kann mit ihr die Entwicklungszeit der Pflanze variieren und auf diese Weise den zu bestimmter Zeit erscheinenden Schädling ins „Leere stoßen" lassen. Ein bekanntes Beispiel bildet die Fritfliege (Oscinis frit), die im 2. bis 4. Blatt stehende Getreidekeimlinge zur Eiablage bevorzugt. Wird durch Vorverlegung der Saatzeit verhindert, daß die Flugzeit der Fliege mit dem 2- bis 4-Blattstadium des Getreides zusammenfällt, vermindert sich dadurch der Fliegenschaden wesentlich.

Saattiefe und *Saatdichte* sind zwei weitere Mittel in der Hand des Land- und Forstwirtes, um die Saat vor einigen Schädlingen zu schützen. Auf stark von Drahtwürmern (Larven der Schnellkäfer) befallenen Flächen z.B ist eine geringe Saattiefe von Vorteil, weil die tiefer lebenden Larven dann nicht den Keim selbst, sondern nur seine Wurzeln befressen. Eine dichte Saat hat sich unter anderem als Maßnahme gegen die Rübenfliege (Pegomyia hyoscyami) bewährt, weil man beim Vereinzeln die vom Schädling befallenen Pflanzen entfernen kann, ohne dabei Kulturlücken zu verursachen.

Nicht zuletzt bietet die *Fruchtfolge* in vielen Fällen die Möglichkeit, einer Schädlingsvermehrung vorzubeugen. In der landwirtschaftlichen Praxis setzt sich immer mehr die Erkenntnis durch,

daß bei der Fruchtfolge nicht nur pflanzenbauliche und betriebs-
wirtschaftliche Gesichtspunkte, sondern auch die pflanzenhygieni-
schen Erfordernisse Beachtung finden müssen. Am ungünstigsten
wirkt sich der zeitlich immer stärker ausgedehnte einseitige Anbau
bestimmter Kulturpflanzen aus, durch den sich bestimmte Schädlinge, wie z.B. die Kartoffelnematoden, ungestört entwickeln und
anreichern können. Durch ständigen Kartoffelbau kann die Nema-
toden-Verseuchung des Bodens (Abb. 40) so stark werden, daß

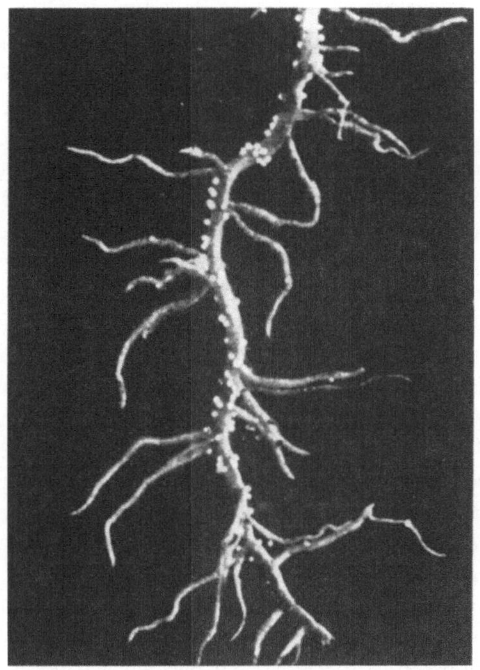

Abb. 40. Kartoffelwurzel mit Zysten des Kartoffelnematoden, ca. ½ nat. Gr.
(Nach F. Sprau)

die Ernte nicht einmal mehr den Umfang des verwendeten Saatgutes erreicht. Aber nicht nur die Beibehaltung derselben Kultur-
pflanzenart, sondern auch die Aufeinanderfolge verschiedener
Pflanzenarten kann bestimmte Schädlinge begünstigen. So fand

man, daß die Infektion des Weizens durch die Halmbruchkrankheit (Pilz: Cercosporella herpotrichoides) nach der Vorfrucht Erbsen 49%, nach Mohn 32% und nach Sommergetreide nur 28% betrug. Der Befall der Brachfliege (Hylemyia coarctata) an Wintergetreide erwies sich nach Hackfrüchten als Vorfrucht am stärksten, weil Hackfruchtfelder die für die Eiablage der Fliege in den Erdboden günstigsten Beschattungsbedingungen aufweisen.

Anbau schädlingsresistenter Sorten

In gleicher Weise, wie für die soeben besprochenen Kulturmaßnahmen, gilt auch für den Anbau von Sorten mit möglichst hohem Grad von Schädlingsresistenz die alte medizinische Weisheit: „Vorbeugen ist besser als heilen". Unterschiede in der Anfälligkeit der Kulturpflanzensorten gegenüber bestimmten Krankheiten und tierischen Schädlingen sind den Land- und Forstwirten schon seit langem bekannt, doch begann man aus dieser Kenntnis erst in den letzten Jahrzehnten in verstärktem Maße wirtschaftlichen Nutzen zu ziehen.

Bereits die äußere Beschaffenheit der Pflanzensorte kann Ursache einer Schädlingsresistenz sein. Unter anderem werden aufrecht wachsende Kartoffelsorten weniger stark vom Wurzeltöter (Rhizoctonia solanii), in Stangenform wachsende Bohnen weniger von der Fleckenkrankheit (Gloeosporium) sowie sperrig wachsende Erbsen in geringerem Maße vom Erbsenwickler (Grapholita spec.) befallen, als Sorten mit gegenteiligen Merkmalen. Andere Resistenzursachen liegen in der Physiologie der Pflanze begründet, wie z. B. im Entwicklungsrhythmus. Hier sei als Beispiel die Resistenz schnell schossender (= Ähren schiebender) Weizensorten gegenüber der Weizenmade (Chlorops taeniopus) genannt. Langsam schossende Weizensorten werden stärker befallen, weil der Schädling seine Eier nur so lange am Getreide abzulegen vermag, wie die Ähre noch im Halm steckt. Als Beispiel einer auf chemischen Eigenschaften des Pflanzengewebes beruhenden Resistenz sei die Auffindung dreier chemischer Verbindungen im Mais genannt, die einzeln oder in Kombinationen die unterschiedliche Resistenz der Maissorten gegenüber dem Maiszünsler (Ostrinia nubilalis) verursachen.

Die natürliche Schädlingsresistenz der Kulturpflanzen tritt jedoch leider in zu geringem Umfang und auch meist in zu geringem Resistenzgrad auf, als daß sie dem Land- und Forstwirt bisher eine wesentliche Hilfe im Kampf gegen die Schädlinge hätte sein können. Es wird deshalb seit längerem versucht, die Zahl resistenter Sorten sowie deren Resistenzgrad durch Resistenzzüchtung zu erhöhen. Im einfachsten Fall wendet man dabei die Pfropfung an wie im Weinbau, wo zur Bekämpfung der Reblaus die anfällige Edelrebe auf eine resistente Rebunterlage gepfropft wird. Die derart kombinierte Pflanze erwirbt als Ganzes gegenüber der Reblaus Resistenz.

Die eigentliche Resistenzzüchtung beruht auf der Auslese und Weitervermehrung von Pflanzen, die sich als schädlingsfester als andere erwiesen haben. Hierbei sind große technische und biologische Schwierigkeiten zu überwinden, von denen die wichtigste die Aufsplitterung vieler Krankheitserreger und Tierarten in oft sehr zahlreiche physiologische Stämme ist. So sind z.B. vom Schwarzrost des Weizens (Puccinia graminis) nicht weniger als etwa 150 derartige Stämme bekannt. Eine auf Schwarzrost-Resistenz gezüchtete Weizensorte ist stets nur gegen einige dieser Erregerstämme resistent und auch nur so lange, wie diese sich noch nicht an die neue Sorte angepaßt haben. Trotz aller Schwierigkeiten hat die Resistenzzüchtung jedoch in der Land- und Forstwirtschaft bereits große Erfolge aufzuweisen. Unter anderem konnte die Gefahr des Kartoffelkrebses durch Züchtung und Anbau krebsfester Sorten für unseren Kartoffelanbau vorläufig gebannt werden. Es ist für den Kartoffelanbauer ratsam, nur solche Kartoffeln als Saatgut zu verwenden, die von der Biologischen Bundesanstalt Braunschweig als krebsfest anerkannt sind. In den USA wurde bereits 1937 für die 17 wichtigsten Getreide- und Gemüsesorten der Mehrertrag infolge Sortenresistenz auf über 66 Mill. Dollar jährlich berechnet.

Während Kulturmaßnahmen sowie Anbau resistenter Sorten versuchen, Schädlingsvermehrungen durch Beeinflussung der Kulturpflanzen zu verhindern, sollen dasselbe Ziel durch Beeinflussung der ganzen Biozönose erreichen. Unter eine Biozönose oder Lebensgemeinschaft ist das Miteinander und Gegeneinander aller Mikrolebewesen, Pflanzen und Tiere eines Standortes und somit auch eines Kulturpflanzenbestandes zu verstehen. Teile dieses komplizierten Beziehungsgefüges sind auch die Schädlinge, die sich nur insoweit vermehren können, als es ihre Gegenspieler, die Krankheitserreger sowie räuberischen und parasitischen Feinde, zulassen. Die Stärke der Gegenspieler hängt wieder wesentlich von dem Reichtum der Biozönose an Pflanzen ab, die vielen Schädlingsparasiten durch Beherbergung von Zwischenwirten die Existenz ermöglichen. Je reicher also eine Biozönose an Pflanzen und Tieren ist, um so weniger Bedeutung haben in ihr die Kulturpflanzenschädlinge.

In Erkenntnis dieses Zusammenhangs versucht man in jüngerer Zeit mehr und mehr, die land- und forstwirtschaftlichen Biozönosen mit Pflanzen und Tieren anzureichern. Dieses Ziel ist naturgemäß in landwirtschaftlichen Kulturen, die wie wir sahen unkrautfrei sein müssen und in denen weiterhin durch Fruchtwechsel und Kulturmaßnahmen sich der Pflanzen- und Tierbestand immer wieder verändert, viel schwieriger zu erreichen als in den Wäldern. In Gärten und auf kleineren Feldern, die mit Bäumen bestanden sind oder in der Nähe solcher liegen, kann man den Schädlingen schon viel entgegenarbeiten, wenn man Vogelnistkästen zur Ansiedlung insektenfressender Vögel anbringt. Auf größeren landwirtschaftlichen Kulturflächen hat sich die Anpflanzung von *Hecken* als pflanzenhygienisch sehr günstig erwiesen, weil die Hecken zu Sammelpunkten zahlreicher schädlingsvertilgender Tiere werden. Darüber hinaus wirken sich Hecken durch Verringerung der Windstärke vorteilhaft für die Felder aus.

In Wäldern läßt sich der biozönotische Widerstand gegen Schädlingsvermehrungen durch *Ansiedlung und Schutz von Ameisen, Vögeln und Fledermäusen* stärken. Diese als Schädlingsvertilger sehr wichtigen Tiergruppen sind in den meisten unserer Wirtschaftswälder aus Mangel an Brutstätten bzw. im Fall der Waldameise auch infolge Verfolgung durch den Menschen, der es auf die Ameisenpuppen als Aquarien- und Terrarienfutter abgesehen hat, in viel zu geringer Zahl noch vorhanden. Wie erheblich der Einfluß einer reichhaltigen Vogelfauna auf eine Schädlingsvermehrung sein kann, zeigte eine Untersuchung während der Kiefernblattwespenvermehrung 1959/61 in Nordbayern. Hier wurden in einem Waldbestand mit zahlreichen Nistkästen 17,6% der Schädlingskokons von Vögeln aufgehackt und vernichtet, während es in einem benachbarten gleichstark vom Schädling befallenen Wald ohne Vogelansiedlung nur 3,9% waren.

Zum Zwecke der Ameisenvermehrung kann der Forstwirt an Stellen des Überflusses Nester der Roten Waldameise ausgraben oder solche neuerdings sogar von „Ameisenfarmen" kaufen und sie in ameisenarmen Beständen aussetzen. Bei allen drei Tiergruppen: Ameisen, Vögel und Fledermäuse, ist jedoch bei der Ansiedlung zu bedenken, daß jedes Brutpaar bzw. Ameisennest seinen bestimmten Lebensraum, sein Areal, benötigt, in welchem seine Ernährung gewährleistet ist und das er gegen Eindringlinge verteidigt. Bei zu hoher Dichte an Nistkästen oder Ameisenkolonien bleibt ein Teil der Nisthöhlen unbesetzt bzw. wandert ein Teil der Ameisen weg.

Die größte Bedeutung der Ameisen, Vögel und Fledermäuse liegt darin, zusammen mit anderen Gliedern der Biozönose zur Verhinderung starker Schädlingsvermehrungen beizutragen. Wo die Biozönosen infolge von Wirtschaftsmaßnahmen schon zu stark umgestaltet und an Lebewesen verarmt sind, gelingt es auch den angesiedelten Ameisen und Vögeln nicht mehr, der Schädlinge Herr zu werden.

Eine viel umfangreichere und tiefergreifende waldhygienische Wirkung kann man erzielen, wenn man die gleichartigen und eintönigen Waldbestände (Monokulturen) in *Mischwälder* umwandelt. Es ist erstaunlich zu sehen, um wieviel reichhaltiger die Flora und Fauna und damit auch die Schädlingsfeinde in Mischwäldern gegenüber den Monokulturen sind. Eine vergleichende Untersuchung während einer Kiefernspannervermehrung in Norddeutschland zeigte z.B., daß die Eier des Kiefernspanners in einem reinen Kiefernbestand zu 18%, in einem benachbarten Kiefernmischbestand dagegen zu 49% von Ei-parasitierenden kleinen Schlupfwespen vernichtet waren. Die Ursache dieses auffallenden Unterschiedes lag zweifellos darin, daß der Mischwald eine reichere Fauna und damit auch eine größere Zahl an Zwischenwirten für die Eiparasiten aufwies als der Reinbestand. Leider lassen sich die nach jahrhundertelanger Waldweide, Streunutzung und Kahlschlagwirtschaft verarmten Waldböden heute nicht mehr ohne weiteres mit Mischwäldern bestocken. Ein wichtiges Hilfsmittel bei der Umwandlung dieser armen Böden bildet die bereits besprochene Düngung.

Einsatz von Tieren

Mit der soeben genannten Ansiedlung von Ameisen, Vögeln und Fledermäusen wird die Abwehrkraft der Biozönose gegen Schädlingsvermehrungen allgemein gestärkt. Ganz anders und viel komplizierter liegen die Dinge, wenn eine Tierart zu einem bestimmten Zeitpunkt zur Bekämpfung einer bestimmten Schädlingsart eingesetzt werden soll. Jetzt handelt es sich um einen gezielten Eingriff in ein hochkompliziertes Beziehungsgefüge, dessen Erfolg — soll er nicht vom Zufall bestimmt werden — von der Kenntnis des Gefüges, also von der Einsicht in die direkten und indirekten Umweltbeziehungen des Schädlings abhängt. Die Untersuchung dieser Beziehungen kostet aber viel Aufwand und Zeit. Das sollte bedacht werden, bevor man etwa der biologischen Schädlingsbekämpfung eine zu langsame Entwicklung vorwirft.

Die ersten Versuche, Tiere zur *Bekämpfung von Unkräutern* einzusetzen, gehen bis zum Anfang des Jahrhunderts zurück. Damals führte man zur Bekämpfung eines von Mexiko nach Hawaii eingeschleppten Strauches 23 an dieser Strauchart fressende Insektenarten aus dem Ursprungsland nach Hawaii ein. 8 Insektenarten bürgerten sich ein, konnten aber die weitere Ausbreitung des Strauches nicht verhindern. Die bisher erfolgreichste Aktion einer biologischen Unkrautbekämpfung war die Einfuhr einer Reihe Insektenarten zur Vernichtung der Opuntien (Blattkakteen) in Australien, Südafrika und anderen Ländern, in die etwa 100 Jahre zuvor diese Pflanzen von Nordamerika eingeschleppt worden waren. In Australien bedeckte das Opuntien-Gestrüpp 1925 bereits etwa 60 Mill. Hektar Weideland. Im gleichen Jahr importierte man aus Nordamerika mehrere dort als Opuntienvertilger lebende Insektenarten. Unter ihnen erwies sich der Kleinschmetterling Cactoblastis cactorum als der wichtigste, dessen Raupen im Inne-

ren der Opuntien fressen und die Pflanzen binnen kurzem zum
Absterben bringen. Bereits 1936 hatten die importierten Insekten
etwa 90% der Opuntienbestände in Queensland und Neusüdwales
vernichtet und damit wertvolles Weidegelände zurückgewonnen
(Abb. 41).

Abb. 41a u. b. Blattkaktus (Opuntie) in Queensland. a Vor der biologischen
Bekämpfung; b nach Einführung Opuntien-fressender Insekten. (Nach H.
L. SWEETMAN)

93

Seitdem wurden mit Insekten Opuntien und andere Unkräuter in mehreren Teilen der Erde mit gutem Erfolg bekämpft. Allerdings waren es stets Unkräuter, die aus anderen Ländern eingeschleppt worden waren und deren nicht mit eingeschleppte Feinde aus den Ursprungsländern nachgeholt wurden. Weitaus schwieriger wird es sein, einheimische Unkräuter mit Hilfe importierter oder gar einheimischer Insekten zu bekämpfen. Hier liegt noch ein weites Feld der Forschung offen.

Eine *Bekämpfung schädlicher Milben und Insekten* versuchte man bereits mit sehr verschiedenen Tiergruppen. Grundsätzlich muß man hier zwischen importierten und einheimischen Schädlingsfeinden sowie zwischen eingeschleppten und einheimischen Schädlingen unterscheiden. Unter den hier möglichen vier Kombinationen ist der Einsatz importierter (nachgeholter) Schädlingsfeinde gegen eingeschleppte Schädlinge am aussichtsreichsten, weil erstere nicht in Konkurrenzkampf zu bereits vorhandenen spezifischen Schädlingsfeinden zu treten brauchen. Denn der eingeschleppte Schädling hat ja im neuen Land noch keine spezifischen Feinde.

Es verwundert daher nicht, daß bisher *mit nachgeholten Schädlingsfeinden* die besten Bekämpfungserfolge erzielt werden konnten. Der erfolgreichste Fall liegt weit zurück. Er betraf die nach Südkalifornien eingeschleppte Schildlaus Icerya purchasi, die sich nach 1880 dort so stark vermehrt hatte, daß sie den Citrus-Anbau lahmzulegen drohte. Daraufhin wurde der damals in Kalifornien arbeitende deutsche Entomologe ALBERT KOEBERLE nach Australien geschickt, wo man die Heimat des Schädlings vermutete. KOEBERLE fand dort auch den Schädling und zugleich dessen wichtigsten Feind, den Marienkäfer Rodolia cardinalis. Er brachte eine Anzahl dieser Marienkäfer mit nach Kalifornien, wo sie sich so schnell ausbreiteten, daß die Schildlaus binnen 10 Jahren auf ein wirtschaftlich unbedenkliches Niveau herabgedrückt werden konnte.

Diese beiden größten und bekanntesten Erfolge der biologischen Schädlingsbekämpfung, die Vernichtung der Opuntien in Australien und die der Citrus-Schildlaus in Kalifornien, darf man allerdings nicht verallgemeinern. Ihnen stehen viele hunderte Versuche zur Einbürgerung räuberischer und parasitischer Milben- und Insektenfeinde gegenüber, die bestenfalls Teilerfolge erbrachten. So gelang es z. B. nicht, die von Nordamerika nach Europa eingeschleppte Blutlaus mit dem nachgeholten Parasiten Aphelinus mali unschädlich zu machen, obwohl dieser sich einbürgern ließ. Schon gar nichts brachten bisher die Einfuhren von natürlichen Feinden des Kartoffelkäfers ein. Das zeigt, daß sich der Schädling oft an die neue Biozönose, vor allem an ihre klimatischen Faktoren, besser anzupassen vermag als seine Feinde. Das Gefüge der Biozönose ist zu kompliziert, als daß unvorbereitete Eingriffe stets gute Erfolge erwarten lassen. Ja, es mehren sich sogar die Beispiele, in denen Aktionen, die nicht durch gründliche Forschungen vorbereitet wurden, anstatt Nutzen zu bringen Schaden anrichteten. Als z. B. auf der Insel Jamaika in den siebziger Jahren des vorigen Jahrhunderts die Ratten überhand nahmen, führte man einige Exemplare des als Rattenfeind bekannten Mungos, einer Schleichkatzenart, aus Indien ein. Die Ratten wurden daraufhin tatsächlich immer weniger, die Mungos aber immer mehr. Aus Mangel an anderer Nahrung fraßen die Mungos in Mengen Vögel und andere Wirbeltiere, darunter viele Schädlingsfeinde. Die Folge war eine Zunahme der Schadinsekten, die schließlich mitsamt dem Mungo chemisch bekämpft werden mußten. Ein anderes Beispiel bildet die 1901 von Australien nach Kalifornien eingeführte Schlupfwespe Quailea whittieri zur Bekämpfung einer Schildlausart. Man sah in der importierten Schlupfwespe einen Primärparasiten, mußte aber dann erkennen, daß sie hyperparasitisch lebt und somit als Feind der Primärparasiten den Schädling begünstigt.

Im Gegensatz zu der soeben erörterten Nachholung von Feinden eingeschleppter Schädlinge gibt es erst relativ wenige Versuche, *importierte Schädlingsfeinde zur Bekämpfung einheimischer Schädlinge* einzusetzen. Die Erfolgsaussichten sind hierbei viel geringer, weil die neu ankommende Art sich mit den einheimischen Feinden des Schädlings auseinandersetzen muß und diesen in der Regel unterlegen ist. Den bisher größten Erfolg dieser Methode erbrachte die parasitische Fliege Ptychomyia remota, die auf die Fidschi-Inseln eingeführt wurde in der Hoffnung, daß sie hier die in Kokospalmen minierenden Raupen eines unserem Blutströpfchen verwandten Schmetterlings — der keine Parasiten aufwies — angreift. In Ermangelung ihres natürlichen Wirtes paßte sich die Fliege tatsächlich an den Schädling (der allerdings dem natürlichen

Wirt in Malaya verwandtschaftlich nahe steht) an und dezimierte ihn so stark, daß er seitdem keine nennenswerten Schäden mehr verursacht. Erfolgreich war auch die Einfuhr der Riesenkröte, Bufo marinus, vom amerikanischen Festland auf mehrere Inseln, darunter Kuba und Hawaii. Die Wirkung der Kröte durch Vertilgen von Schädlingen in Zuckerrohrfeldern wird als sehr gut bezeichnet.

Schon sehr alt ist der Gedanke, *einheimische Tiere* gegen schädliche Gliederfüßler einzusetzen. Bereits um 300 nach Christus wurden in Cochinchina Ameisen in Säcken gesammelt und verkauft, um auf Mandarinenbäumen zur Schädlingsbekämpfung eingesetzt zu werden. Ob diese Maßnahme den gewünschten Erfolgt hatte, ist eine zweite Frage, die sich wohl auch der sächsische Forstmann BECHSTEIN nicht vorher überlegt hatte, als er 1798 empfahl, zur Bekämpfung einer Massenvermehrung der Nonnenraupen die Fichtenstämme 6 bis 8 Fuß hoch mit Teer zu bestreichen, in jede Baumkrone einen Sack mit Ameisen aufzuhängen und ihn zu öffnen. Nach der Ansicht BECHSTEINS blieb damit den Ameisen nichts übrig, als die Raupen zu fressen. Hätte er die Sache vorher einmal ausprobiert, hätte er gesehen, wie die Ameisen den Nonnenraupen aus dem Wege gehen und sich von den Baumkronen herabfallen lassen.

Den wohl ersten wissenschaftlich ernst zu nehmenden Vorschlag zur biologischen Insektenbekämpfung mit einheimischen Schädlingsfeinden machten KIRBY und SPENCE, als sie 1816 darauf hinwiesen, daß es möglich sein müsse, Blattläuse mit in Massen gezüchteten Marienkäfern auf natürliche Weise zu bekämpfen. Der Vorschlag wurde jedoch nicht in die Tat umgesetzt. 1880 führte dann DECAUX in Frankreich einen biologischen Bekämpfungsversuch in seinem Obstgarten durch, indem er vom Apfelblütenstecher (Anthonomus pomorum) befallene Knospen einsammelte, die daraus schlüpfenden Käfer abtötete und die etwas später schlüpfenden Parasiten im Obstgarten freiließ. Beide soeben genannten Verfahren: Freilassen von Nutzinsekten nach Massenzucht oder nach Einsammeln sind bis heute die beiden Hauptverfahren der biologischen Bekämpfung mittels einheimischer Schädlingsfeinde geblieben. Es leuchtet ein, daß das zweitgenannte Verfahren, das *Einsammeln und Wiederfreilassen*, zu aufwendig und im Erfolg zu unsicher ist, als daß es sich in größerem Rahmen durchführen ließe. Dagegen bietet das Verfahren der Laboratoriums-Massenzucht von Schädlingsfeinden bessere Aussichten und ist in einigen Fällen auch schon mit Erfolg angewandt worden.

Als Beispiel sei die *Massenzucht und Freisetzung* von winzigen, nur etwa 1 mm Flügelspannweite aufweisenden, Schlupfwespen der Gattung Trichogramma genannt, die sich in den Eiern zahlreicher schädlicher Insektenarten entwickeln und sie dabei zerstören. Gelingt es, sie in genügend hoher Anzahl zu züchten und im Freiland die Eier der betreffenden Schädlingsart vernichten zu lassen, so hat man damit dem Schaden in vollendeter Weise vorgebeugt, da ja aus den Eiern keine schädlichen Raupen mehr entstehen. Als „Laborwirt" wurde hier mit gutem Erfolg die Mehlmotte verwendet, deren Haltung und Vermehrung keine Schwierigkeiten bereitet. Man saugt aus den Zuchtbehältern die sich laufend entwickelnden Mehlmotten ab und leitet sie in Eiablege-Gefäße. Hier lassen sie ihre Eier durch eine den Boden bildende grobe Gaze in darunterstehende mehlgefüllte Schalen fallen. Die aus dem Mehl gesiebten Motteneier, von denen man mehrere Millionen täglich gewinnen kann, läßt man über schräg gestellte leimbestrichene Kartons rieseln, auf denen sie festkleben. Die Kartons sehen danach wie Sandpapier aus, nur daß der „Sand" hier aus vielen tausenden kleiner Motteneier besteht. Nun setzt man diese Ei-Kartons den kleinen Schlupfwespen vor, die die Motteneier mit ihren eigenen winzigen Eiern belegen. Nach wenigen Tagen färben sich die Mehlmotteneier schwarz, ein Zeichen, daß sie mit Parasitenlarven besetzt sind. Besonders wichtig ist, daß man durch entsprechende Temperatur die Entwicklungszeit der Schlupfwespen in den Motteneiern so regulieren kann (zwischen etwa 3 Wochen und mehreren Monaten), daß alle im Verlauf mehrerer Wochen und Monate angestochenen Motteneier zu einem bestimmten Zeitpunkt, nämlich zur Zeit der Eiablage des zu bekämpfenden Schädlings, die Schlupfwespen entlassen. Kurz vor diesem Zeitpunkt werden die Ei-Kartons im Bekämpfungsgebiet verteilt. Binnen 2 oder 3 Tagen schlüpfen daraus Myriaden von Eiparasiten und belegen die Eier des Schädlings mit ihren Eiern.

Das ganze ist also eine fast fabrikmäßige Massenzucht eines Schädlingsfeindes. Die Bekämpfungsversuche haben allerdings gezeigt, daß der Einsatz gerade dieser winzigen Schlupfwespen überall dort ein Risiko bedeutet, wo während der einige Tage bis Wochen dauernden Eiablage des Schädlings Regen fallen könnte. Das ist auch in unserem von westlichen Winden bestimmten humiden Klima der Fall. Die winzigen Tiere, die dem bloßen Auge gleichsam als „lebender Staub" erscheinen, gehen schon bei der geringsten Feuchtigkeit infolge Verklebens ihrer zarten Flügel zugrunde. In Trockengebieten dagegen mit aridem Klima, wie z. B. in der Ukraine, hat sich die Verwendung von Trichogrammen zur biologischen Schädlingsbekämpfung schon mehrfach — wenn auch auf kleinen Flächen — bewährt. Die Grenze des Verfahrens liegt in der enorm hohen Zahl an Wespen, die auf größeren Flächen freigelassen werden müßten. Um sichere Erfolge zu erzielen, muß man im allgemeinen etwa 1000 Trichogrammen pro qm Blattfläche freilassen. Da auf 1 qm Bodenfläche stets mehrere bis viele qm Blattfläche entfallen, ergeben sich bereits bei Pflanzenbeständen mit mehreren hundert Hektar Fläche astronomische Schlupfwespenzahlen, die mit einem vernünftigen Aufwand nicht mehr erzielt werden können. Als technisches Hindernis kommt die sehr aufwendige gleichmäßige Verteilung des Parasiten über den Pflanzenbestand hinzu. Nimmt man größere und robustere Schädlingsfeinde zur Massenzucht, so fallen zwar die genannten klimatischen Schwierigkeiten weg, doch sind dafür der Anzahl züchtbarer Tiere noch viel engere Grenzen gesetzt.

Neuerdings hat sich die Möglichkeit eröffnet, zur biologischen Bekämpfung schädlicher Gliederfüßler auch parasitische *Fadenwürmer*, Nematoden, zu verwenden. Man entdeckte 1955 in Obstmaden zwei Nematoden-Arten der Gattung Neoplectana, die inzwischen in mehr als einhundert Milben- und Insektenarten festgestellt wurden. Sie können in Wachsmottenraupen in Massen gezüchtet und sodann — was ein großer technischer Vorteil ist — in wäßriger Brühe gegen Schadinsekten oder Milben gespritzt werden. Einige Kleinversuche gegen den Apfelwickler, den Kartoffelkäfer und einige andere Schädlinge verliefen erfolgreich. Allerdings wird die Anwendung dadurch stark eingeengt, daß die Nematoden extrem feuchtigkeitsliebend sind, so daß Wirtsinfektionen nur in feuchter Erde, in Stengeln, unter Rinde und in anderen ständig feucht bleibenden Medien zustandekommen.

Die Würmer wandern in die Mundöffnung der Insekten und Milben ein und übertragen eine Bakteriose, der die Opfer erliegen.

Was schließlich die *Bekämpfung schädlicher Wirbeltiere* mit Hilfe anderer Tiere betrifft, so hat hier bisher nur ein einziges Verfahren, das zugleich das älteste der biologischen Bekämpfung überhaupt ist, befriedigende Erfolge: der Einsatz der Hauskatze gegen Ratten und Mäuse. Ratten verlassen sehr schnell ein von Katzen bejagtes Grundstück. Die Mäuse lassen sich dagegen nicht vertreiben und werden von der Katze oft nicht völlig vernichtet, weil sie immer wieder zuwandern. Doch werden sie auf jeden Fall von der Katze auf einer wirtschaftlich und hygienisch unbedenklich niedrigen Dichte gehalten.

Mikroorganismen

Ebenso wie der Einsatz von Tieren bietet auch die künstliche Erregung von Schädlingskrankheiten mit Hilfe von Mikroorganismen gegenüber der chemischen Bekämpfung den grundlegenden Vorteil, daß sie nur den Schädling trifft, dagegen die Schädlingsfeinde und alle anderen Lebewesen einschließlich des Menschen schont. Ob die Krankheitserreger auch einen zweiten Vorzug der tierischen Schädlingsfeinde aufweisen, nämlich die Schädlinge nicht zur Resistenzentwicklung anzuregen, muß auf Grund einiger Beobachtungen bezweifelt werden. So wurden unter anderem Feldmäuse, die mit subletal wirkenden Bakterienpräparaten bekämpft worden waren, zum Teil resistent (s. u.). Den tierischen Schädlingsfeinden haben die Mikroorganismen voraus, daß ihre Ausbringung als Aufschwemmung oder in Staubform einfach und billig ist. Dem steht jedoch als Nachteil gegenüber, daß sie langsam wirken und daß ihre spezifische Wirkung zu umfangreicher und aufwendiger Vorratshaltung zwingt.

Pilze

Zahlreiche Pilzarten erregen Krankheiten (Mykosen) bei Insekten und anderen Tieren (Abb. 42). Den ersten Versuch, mit Hilfe einer Pilzkrankheit Schädlinge zu bekämpfen, unternahm bereits 1878 METSCHNIKOV, der beim Rübenderbrüßler sowie beim Getreidelaubkäfer (Anisoplia austriaca) eine Mykose entdeckte und

deren Erreger Metarrhizium anisopliae nannte. Es gelang ihm,
den Pilz auf künstlichem Nährboden (Biermaische) zu züchten und
seine Sporen als Kampfmittel gegen die Engerlinge des Getreide-
laubkäfers auszubringen. Einige der Versuche waren erfolgreich,

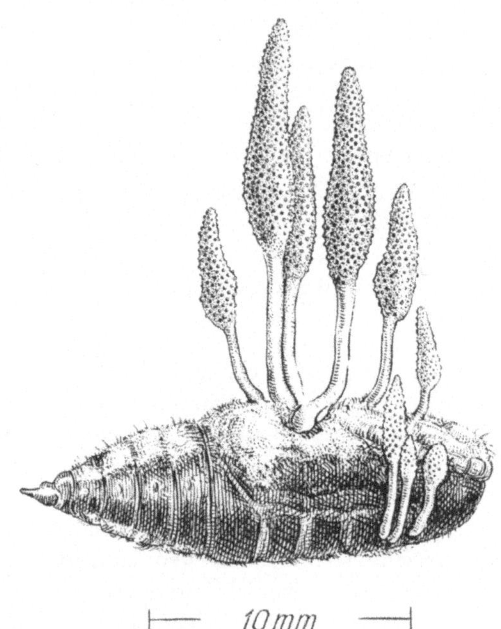

Abb. 42. Von Mykose getötete Schmetterlingspuppe. Aus der Puppe wachsen
die Fruchtträger des Pilzes heraus

andere nicht. Dieses Resultat kann als typisch für die künstliche
Erregung von Mykosen angesehen werden: stark wechselnde Ver-
nichtungsprozente bei derselben Schädlingsart, oft innerhalb des-
selben engräumigen Standortes. Die Gründe hierfür liegen in der
starken Abhängigkeit der insektentötenden Pilze von den Tempe-
ratur- und Feuchtigkeitsverhältnissen, der Konstitution der Insekten und anderen Umweltfaktoren. Die besten Bekämpfungserfolge
wurden bisher in Gebieten hoher Luftfeuchtigkeit erzielt, wie z. B.
in Neuschottland, wo eine Pilzart mit Erfolg gegen den eingeschleppten Apfelblattsauger (Psylla mali) eingesetzt wurde. Aller-

dings vertritt ein Teil der Fachleute die Meinung, daß es sich hierbei, wie auch in anderen Fällen, nur um Scheinerfolge handele, da die Mykosen sich unter den gegebenen günstigen Verhältnissen auch ohne Zutun des Menschen ausgebreitet hätten.

Protozoen

Unter den einzelligen Urtierchen (Protozoen) gibt es mehrere artenreiche Gruppen, die als Krankheitserreger bei Wirbellosen und Wirbeltieren leben. Die für die biologische Schädlingsbekämpfung wichtigsten sind die Dauerstadien (Sporen) bildenden Sporozoen. Die bisher wenigen Versuche, Sporozoen gegen Schadinsekten einzusetzen, vermitteln noch kein klares Bild über ihre Brauchbarkeit. Ihre Verwendung scheint dadurch eng begrenzt zu sein, daß parasitische Protozoen sich nicht in künstlichen Nährmedien züchten lassen und daher immer nur aus kranken Wirten gewonnen werden können. Zudem breiten sie sich nur langsam innerhalb der Schädlingspopulation aus.

Bakterien

Weitaus wichtiger für die mikrobielle Schädlingsbekämpfung als Pilze und Protozoen sind die Bakterien, in erster Linie die sporenbildenden Arten, die auf Nährböden züchtbar sind und jahrelang im Sporenstadium am Leben und somit in Vorrat gehalten werden können.

Die erste *insektentötende* Bakterienart wurde 1909 von D'HERELLE in Mexiko aus Wanderheuschrecken gewonnen und im gleichen Jahr zur biologischen Bekämpfung dieses Schädlings verwendet. Die Erreger gelangten, nachdem sie in Form einer Suspension auf die Pflanzen gespritzt worden waren, mit der Nahrung in den Heuschreckenkörper, wo sie eine tödliche Diarrhoe hervorriefen. Die Krankheit breitete sich durch die flüssigen Exkremente der kranken Tiere aus und führte schließlich zur Vernichtung der ganzen Population. In einigen anderen Fällen waren die Ergebnisse nicht so gut, weil bei sehr umfangreichen Heuschreckenschwärmen die Ausbreitung des Bakteriums zu langsam erfolgte oder die Heuschrecken zu einem erheblichen Teil unempfindlich dagegen waren.

Seit diesen Anfängen hat der Einsatz von Bakterien gegen schädliche Insekten erhebliche Fortschritte gemacht. Als wichtigste Bakterienart erwies sich dabei der 1915 in einer Thüringischen Mühle in der Mehlmotte entdeckte Bacillus thuringiensis, der bisher in mehr als 100 Insekten-, vornehmlich Schmetterlingsarten, gefunden oder auf sie übertragen werden konnte. Die Honigbiene ist wie fast alle anderen Hautflügler gegen diesen Erreger resistent. Die mit der Nahrung aufgenommenen Bazillen scheiden giftig wirkende Kristalle ab, die in der Raupe eine tödliche Darmerkrankung verursachen. In den vergangenen Jahren ist der Bacillus thuringiensis bereits zur Bekämpfung von mehr als 20 Schmetterlingsarten mit mittlerem bis sehr gutem Erfolg eingesetzt worden. Die besten Erfolge wurden gegen Weißlinge (Pieriden) erzielt. Auf Grund dieser guten Erfahrungen wird der Bazillus heute in mehreren Ländern industriell in großen Mengen auf Nährböden kultiviert und als Bekämpfungspräparate in den Handel gebracht. Der raschen Verbreitung dieser Präparate stehen jedoch vorläufig noch zwei Gründe entgegen. Einmal konnten sie hinsichtlich ihrer Zusammensetzung und Wirkung noch nicht — wie das bei den chemischen Bekämpfungsmitteln der Fall ist — standardisiert werden. Ihrer Standardisierung steht entgegen, daß der Erreger in zahlreichen Stämmen mit verschiedener Wirkungsbreite auftritt und zudem die Wirkung des Präparats sehr stark von den Herstellungsbedingungen abhängt. Der andere Grund der bisherigen Zurückhaltung der Schädlingsbekämpfung besteht darin, daß die Wirkung in vielen Fällen nicht hoch genug war, so daß die Verwendung der Präparate dort, wo es auf eine hohe Vernichtungsquote des Schädlings ankommt, ein Risiko bedeutet.

Wir dürfen annehmen, daß die genannten Mängel im Verlauf weiterer Forschungen beseitigt werden. Im ganzen bildet der Einsatz von Bakterien zur Bekämpfung schädlicher Insekten ein noch sehr entwicklungsfähiges und aussichtsreiches Verfahren. Ein besonderer Vorteil der Bakterien besteht darin, daß man sie auf künstlichen Nährböden in Massen züchten kann.

Einen kurzlebigen Seitenzweig in der Entwicklung der bakteriologischen Bekämpfung bildet die Entdeckung und der Einsatz des Erregers des Mäuse-Typhus, Bacillus typhi murium, gegen die *Feldmaus*. Bereits 1892, im selben Jahre, in dem der ROBERT

KOCH-Mitarbeiter LÖFFLER diesen Typhusbazillus bei Mäusen entdeckte, verwendete er ihn zur Bekämpfung einer Mäuseplage in Griechenland, indem er mit Bazillen verseuchte Roggenkörner ausstreute. Der Erfolg war durchschlagend. Bei den daraufhin in mehreren Ländern mit mehr oder minder großem Erfolg unternommenen Bekämpfungsversuchen zeigte sich jedoch, daß die Köder zum Teil von einem nahe verwandten Erreger, Salmonella typhi murium, besiedelt wurden, der beim Menschen Paratyphusähnliche Erkrankungen hervorruft. Weiterhin wurde bekannt, daß Bacillus typhi murium schnell an Infektionskraft verliert und dadurch — als nicht mehr tödlich wirkender Erreger — zur Entwicklung resistenter Mäusestämme führt. Allein schon der erstgenannte Grund machte das Verfahren unbrauchbar, das heute in fast allen Ländern, darunter auch in der Bundesrepublik Deutschland, verboten ist.

Viren

Man kennt heute bereits von etwa 250 Insektenarten, vor allem Hautflüglern und Schmetterlingen, Viruskrankheiten. Die ersten Versuche, mit Viren *Insekten* zu bekämpfen, wurden um die Jahrhundertwende in der Forstwirtschaft gemacht. Sie hatten die künstliche Ausbreitung der sogenannten „Wipfelkrankheit" der Raupen des Nonnenspinners (Lymantria monacha) zum Ziel, so genannt, weil die kranken Raupen sich an den obersten und äußersten Zweigspitzen der Fichten und Kiefern sammeln und absterben. Da der Körperinhalt solcher Raupen unter dem Mikroskop unzählige polyederförmige Gebilde zeigt, spricht man auch von „Polyedrose". Heute wissen wir, daß die Polyeder, die man inzwischen auch bei vielen anderen Insektenarten (Abb. 43) in den Zellkernen (Kernpolyedrosen) oder im Zellplasma (Plasmapolyedrosen) fand, ebenso wie eine Reihe kapselförmiger Zelleinschlüsse (Kapselvirosen) aus Eiweiß aufgebaute Hüllen sind, in denen sich die winzigen und nur elektronenmikroskopisch sichtbar zu machenden Viren befinden (Abb. 44). Diese Eiweißhüllen werden zur Bekämpfung von Schadinsekten als wäßrige oder staubförmige Präparate auf die Pflanzen ausgebracht und gelangen in den Körper der fressenden Insektenstadien, wo sie sich auflösen. Die freigewordenen Viren beginnen sich zu vermehren und das Wirtsgewebe zu zersetzen.

Die bisherigen zahlreichen meist kleinräumigen Bekämpfungsversuche mit Viren zeigten ihre besten Erfolge bei Schmetterlingsraupen aus der Familie der Weißlinge. Wie die Bakterien

Abb. 43. An Polyedrose („Schlaffsucht") gestorbene Kiefernblattwespen-Larven. (Nach Departm. Forest. Canada)

haben auch die Viren widerstandsfähige Dauerformen. Sie haben aber den Bakterien gegenüber den Nachteil, daß ihre Massenzucht auf künstlichen Nährböden nicht möglich ist. Alle zur biologischen Bekämpfung notwendigen Viren müssen aus toten, an der Krankheit gestorbenen Insekten gewonnen werden. Ihre Einsatzmöglichkeiten sind daher vorerst noch ziemlich eng begrenzt. Es wäre schon viel erreicht, wenn es gelänge, die zur Bekämpfung einer

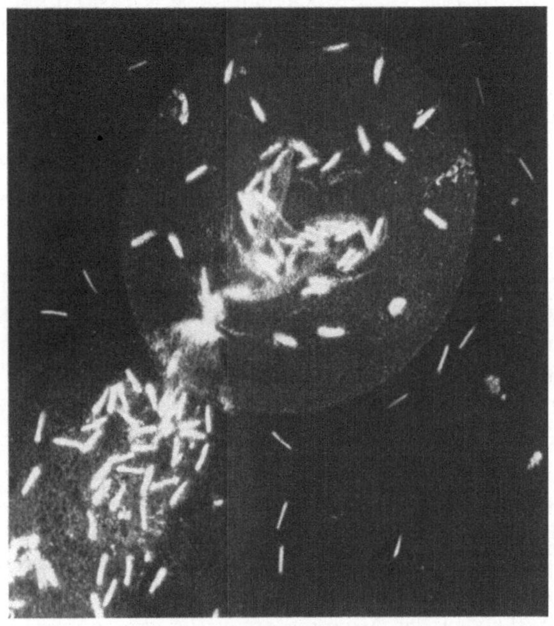

Abb. 44. Kernpolyeder einer viruskranken Raupe, aus dem die Viren austreten; ca. 12000fach vergr. (Nach K. M. SMITH)

wichtigen Schadinsektenart notwendigen Viren wenigstens aus einer leicht züchtbaren Ersatzwirtsart, wie etwa der Mehlmotte, zu gewinnen. Entsprechende Versuche sind im Gange.

In ähnlicher Weise wie man die tierischen Feinde eines eingeschleppten Schädlings aus dessen Ursprungsland nachholt, ist dies auch mit Krankheitserregern möglich. Ein derartiger Fall liegt bei einer Kernpolyedrose der europäischen Fichtenblattwespe Diprion hercyniae vor. Nachdem die Blattwespe ohne Virose nach Nordamerika verschleppt worden war, holte man virosekranke Blattwespenlarven aus Europa nach. Die Krankheit breitete sich schnell

105

im neuen Lande aus und trägt heute wesentlich zur Niederhaltung des Schädlings bei.

Die Bekämpfung schädlicher Säugetiere mittels Viren kennt bisher nur ein einziges Beispiel: den Einsatz des Myxomatose-Virus *gegen Wildkaninchen*. Diese pockenähnliche Viruskrankheit wurde um die Jahrhundertwende bei den in Nord- und Südamerika heimischen Wildkaninchen entdeckt, bei denen sie aber nur geringe Ausfälle bewirkt. Dagegen nimmt sie bei ausländischen Kaninchen den Charakter einer verheerenden Seuche an. Die australische Regierung machte sich dies zunutze und führte 1950 viruskranke Kaninchen aus Südamerika ein, um mit ihrer Hilfe seiner Kaninchenplage Herr zu werden. Man schätzte damals die Zahl der Wildkaninchen in Australien auf 1 bis 3 Milliarden. Die von Stechmücken übertragene Viruskrankheit breitete sich auch so schnell im Einfuhrland aus, daß bereits drei Jahre später weite Teile Australiens kaninchenfrei waren. Der hierdurch entstandene Gewinn an landwirtschaftlicher Erzeugung wurde auf etwa 600 Mill. DM berechnet. Inzwischen hat sich herausgestellt, daß eine geringe Anzahl resistent gewordener Kaninchen die Seuche überlebte und sich langsam wieder vermehrt. Vermutlich wird es nunmehr jedoch zu einem Gleichgewicht zwischen Wirt und Krankheit, ähnlich wie im Ursprungsland des Virus, kommen, wobei auf jeden Fall die Kaninchen-Population nicht wieder so groß und schädlich werden wird wie vor Einfuhr der Krankheit.

Unrühmlich ist das Myxomatose-Virus aber nun dadurch bekanntgeworden, daß es sich infolge des Leichtsinns eines französischen Arztes über fast ganz Europa ausbreitete. Der Arzt hatte 1952 zwei infizierte Kaninchen nach Frankreich eingeführt, um seinen Park von den lästigen Wildkaninchen freizubekommen. Zwei Jahre später waren in Frankreich 90% aller Wildkaninchen sowie viele Zuchtkaninchen der Myxomatose erlegen. Feldhasen erwiesen sich bis auf wenige Ausnahmen als resistent. 1953 sprang die Krankheit auch auf England über, wo im gleichen Jahr 80 bis 90 Mill. Kaninchen starben. In den waldarmen Ländern Frankreich und England, in denen die Niederjagd eine große Rolle spielt, hatte das Kaninchensterben erhebliche wirtschaftliche Schäden zur Folge. So wurden unter anderem durch Schließung von Fabriken zur Herstellung von Jagdmunition mehrere hundert

Menschen arbeitslos. Das Beispiel zeigt besonders deutlich, daß biologische Bekämpfungsmaßnahmen nur nach vorheriger Grundlagenforschung und dann auch nur von Fachleuten durchgeführt werden dürfen.

Selbstvernichtung

Die neueste Richtung der biologischen Bekämpfung ist der Einsatz von „Insekten gegen sich selbst". Dem Verfahren liegt die Überlegung zugrunde, daß die Aussetzung von unfruchtbar gemachten Männchen einer Schadinsektenart unter bestimmten Bedingungen zur Auslöschung der Population führen kann. Die Eier jedes Weibchens, das sich mit einem unfruchtbaren Männchen paart, werden unfruchtbar sein, und der Prozentsatz solcher Eier wird im gleichen Maße zunehmen, wie die immer von neuem freigelassenen unfruchtbaren Männchen die fruchtbaren Männchen zurückdrängen. Folgende Berechnung des Amerikaners E. F. Knipling (nach H. Müller, 1961) macht diesen Zusammenhang deutlich.

Angenommene natürliche Population jungfräulicher Weibchen	Zahl der sterilen Männchen pro Generation	Verhältnis steriler/ fruchtbarer Männchen für jedes Weibchen	% Weibchen gepaart mit sterilen Männchen	Theoretische Population von reifen Weibchen je Generation
1 000 000	2 000 000	2 : 1	66,7 %	333 333
333 333	2 000 000	6 : 1	85,7 %	47 619
47 619	2 000 000	42 : 1	97,7 %	1 107
1 107	2 000 000	1807 : 1	99,95%	weniger als 1

Der Erfolg einer solchen Aktion ist an zwei Voraussetzungen gebunden. Einmal muß man die Männchen der betreffenden Insektenart in Massen züchten und sterilisieren können, ohne dabei ihren Paarungstrieb zu zerstören. Zum anderen ist es notwendig, die Zahlen der Weibchen, ihrer Kopulationen, der fruchtbaren Männchen sowie der freigelassenen unfruchtbaren Männchen im Freiland so aufeinander abzustimmen, daß die vorstehende Berechnung Gültigkeit hat und die Aussetzung innerhalb befristeter

Zeit zur Auslöschung der Population führt. Diese Voraussetzungen sind so schwierig zu erfüllen, daß bisher nur sehr wenige Selbstvernichtungs-Aktionen Erfolg hatten.

Der erste und bekannteste Fall einer geglückten Selbstvernichtung betraf keinen Kulturpflanzenschädling, sondern eine in der Haut nord- und mittelamerikanischer Weidetiere schmarotzende Fliegenart (Cochliomyia hominivorax). Als die bisher am besten bekannte Aktion soll sie dennoch hier kurz betrachtet werden. Die Weibchen des unseren Schmeißfliegen ähnlichen Schädlings legen ihre Eier auf die Haut von Weidetieren und Wild an kleine Wunden. Die innerhalb eines Tages aus den Eiern schlüpfenden Larven, die als Schraubenwürmer (screw-worms) bezeichnet werden, bohren sich in die Haut ein und verursachen eiternde Wunden, die weitere Fliegen zur Eiablage herbeilocken. Ohne menschliche Hilfe kümmern die Tiere, geben immer weniger Milch und gehen schließlich zum großen Teil ein. In fünf Staaten der südöstlichen USA verursachte der Schraubenwurm vor seiner biologischen Bekämpfung jährlich zwischen 25 und 100 Mill. Dollar Schaden.

Es gelang zu Anfang der fünfziger Jahre, die Larven in einem künstlichen Nährmedium in Massen zu züchten und durch Bestrahlung ihrer Puppen mit radioaktivem Kobalt die männlichen Fliegen zu sterilisieren, ohne ihren Paarungstrieb zu beeinträchtigen. Eine Untersuchung der Freiland-Population zeigte, daß diese eine für den Selbstvernichtungs-Versuch günstige Größe hatte und daß die Weibchen — was den Versuch noch bedeutend erleichterte — nur einmal in ihrem Leben kopulieren. Das mit Spannung erwarete Experiment wurde auf der 170 Quadratmeilen großen Insel Curacao durchgeführt, auf der das Eindringen des Schädlings aus Nachbargebieten und damit die Gefährdung des Experiments nicht möglich war. Jede Woche wurden etwa 70000 steril gemachte Männchen in Spezialbehältern von Flugzeugen über der Insel nach einem genauen Verteilungsplan abgeworfen, mit dem Erfolg, daß in der 7. Woche keine entwicklungsfähigen Eier der Fliege mehr auf der Insel gefunden wurden. Der Schädling hatte sich selbst vernichtet.

Auf Grund dieses Erfolges wurde derselbe Schädling einige Jahre später im Südosten der USA auf einer etwa 50000 Quadratmeilen großen Fläche von Flugzeugen abgeworfen. Die Ausrottung dauerte hier bereits 18 Monate und erforderte die Freilassung von 50 Mill. sterilisierter Männchen pro Woche. Außerdem ist hier künftig die Wieder-Einwanderung des Schädlings aus den umgebenden Gebieten zu erwarten. Interessant ist, den zur Erzielung dieses Erfolges notwendigen Aufwand zu betrachten. Die wöchentlich benötigten 50 Mill. unfruchtbaren Fliegenmännchen wurden von einer nach den neuesten Methoden der Rationalisierung arbeitenden „Insektenfabrik" geliefert, die 1962 der damalige amerikanische Vizepräsident JOHNSON, dessen Ranch im Screwworm-Gebiet lag, eröffnete. In ihr arbeiteten 85 Leute in 7tägiger Woche und 3 Tagesschichten. Zur Larvenernährung diente gemahlenes Pferdefleisch, das mit Blut und Wasser vermischt war und thermostatisch auf Körpertemperatur gehalten wurde. Zur Verteilung der Fliegen waren 20 Spezial-Flugzeuge notwendig, die von 3 Flugplätzen aus starteten.

In den letzten Jahren gelang es, anstelle von Strahlen zur Sterilisierung der Insekten Chemikalien zu verwenden. Ebenso wie die Strahlen sind aber auch sie für den Menschen gefährlich, so daß größte Vorsicht beim Umgang mit ihnen geboten ist. Bisher wurden zwei Bekämpfungserfolge durch Einsatz chemisch sterilisierter Insektenmännchen gemeldet: Die Ausrottung der Melonenfruchtfliege auf der Insel Rota im Südpazifik, ein Riesenunternehmen, das mehr als 20 Mill. Dollar kostete, sowie die Vernichtung des Maikäfers in einem kleinen abgeschlossenen Tal der Schweiz.

Wenn auch die Arbeiten über die Selbstvernichtung von Schädlingen erst am Anfang stehen, so kann bereits jetzt gesagt werden, daß dem Verfahren in biologischer und vor allem finanzieller Hinsicht ziemlich enge Grenzen gezogen sein werden. Darüber hinaus läßt sich nicht verhehlen, daß die Methode dadurch fragwürdig wird, daß sie als eine biologische Bekämpfung dem Grundprinzip aller biologischen Bekämpfung: der Erhaltung der Organismenwelt, widerspricht. Auch Schädlinge sind Lebewesen, die ihre Rolle in der Natur spielen. Sie auszurotten — und das ist das Ziel und Charakteristikum der Selbstvernichtungs-Methode — kann nicht das Ziel einer naturgemäßen Schädlingsbekämpfung sein. Wenn erst eine Schädlingsart nach der anderen ausgerottet sein wird, werden viele der direkt oder indirekt von ihnen abhängigen Lebewesen folgen. Der Mensch befindet sich hier auf einem sehr bedenklichen Weg.

7. Integrierte Bekämpfung

Je mehr man sich in den vergangenen Jahren mit den Problemen und Verfahren der chemischen und biologischen Schädlingsbekämpfung beschäftigte, um so deutlicher wurde sichtbar, daß biologische Verfahren sich in naher Zukunft nur in geringem Umfang an die Stelle der chemischen Bekämpfung werden setzen lassen, und daß es ihnen auch in ferner Zukunft nicht möglich sein wird, diese völlig zu verdrängen. Es ist nicht denkbar, daß allen Schädlings-Angriffen, deren sich die Land- und Forstwirtschaft sowie der Wein-, Garten-, Obst- und Zierpflanzenbau heute kaum mit chemischen Waffen erwehren können, in Zukunft einmal mit biologischen Mitteln voll wirksam begegnet werden kann.

In den vergangenen Jahren hat man aber noch eine zweite Erkenntnis gewonnen, daß nämlich chemische und biologische Schädlingsbekämpfung sich gar nicht als unversöhnliche Gegensätze gegenüberstehen, sondern daß beide vereinbar sind. Aus dieser Erkenntnis wuchs der Gedanke einer vierten grundsätzlichen Bekämpfungsart, der chemisch-biologischen oder integrierten Bekämpfung. Ihr Ziel ist es, die beiden Notwendigkeiten: die chemische Bekämpfung einerseits sowie die Schonung der Nützlinge und der menschlichen Gesundheit andererseits zu vereinen.

Bereits 1944 wies der Österreicher RIPPER auf eine Möglichkeit in dieser Richtung hin. Er zeigte, daß man bei der Bekämpfung von Kohlblattläusen durch kurzfristige Nikotin-Begasung die Mehrzahl der Blattläuse vernichten und dabei die als Blattlausfeinde *nützlichen Insekten* weitgehend *schonen* kann. Es handelt sich hierbei also um das Prinzip der Schonung von Schädlingsfeinden durch Verminderung der Giftdosis. Ein anderes Beispiel dieser Art ist die in Kanada auf großer Fläche durchgeführte Bekämpfung des Tannentriebwicklers von Flugzeugen aus. Trotz Verwendung einer unternormalen Dosis DDT wurden dabei die

Schädlinge in gewünschtem Maß vernichtet, weil die überlebenden Parasiten das Werk der subletalen Begiftung vollendeten.

Ein zweites Prinzip chemisch-biologischer Schädlingsbekämpfung ist die *Kombination von subletaler Begiftung mit Krankheitserregern*. Gemeinsam ist ihm mit dem soeben genannten Prinzip der Schonung von Schädlingsfeinden die Herabsetzung der Giftdosis auf ein subletales, also nicht tödliches Quantum. Der Unterschied zwischen beiden Prinzipien besteht darin, daß diese Giftverminderung den tierischen Schädlingsfeinden die Existenz ermöglicht, den Krankheitserregern dagegen die Infektion erleichtert: die Schädlinge werden durch die nicht tödliche Vergiftung geschwächt und damit anfällig für die gleichzeitig mit ausgebrachte Krankheit. Die Untersuchungen auf diesem Gebiet stehen noch am Anfang. Das bisher Bekannte läßt aber gerade diesen Weg als besonders aussichtsreich erscheinen. In den vergangenen Jahren hat man vor allem einige Kombinationen von Insektengiften und Pilzkrankheiten erprobt und dabei unter anderem gefunden, daß der Kartoffelkäfer, wie auch der Eichenwickler, mit Mischungen von subletalem DDT bzw. Hexa sowie Sporen des Pilzes Beauveria bassiana wirksamer bekämpft werden konnten, als mit einem der genannten Mittel allein. Da sich zahlreiche Bakterien- und Virenarten mit Insekten- und Milbengiften mischen lassen, sind derartige Erfolge auch bei diesen Erregergruppen zu erwarten.

Eine grundsätzlich andere Form der integrierten Bekämpfung ist die Schonung von Schädlingsfeinden durch *Verwendung selektiver* Gifte, das heißt solcher, die ausschließlich oder bevorzugt die Schädlinge treffen. Die Selektivität des chemischen Bekämpfungsmittels kann dabei auf mannigfache Weise zustandekommen.

Zuerst ist hier die im einzelnen noch wenig untersuchte spezifische Empfindlichkeit der Organismenarten gegenüber Giften zu nennen, derzufolge jedes Gift auf die verschiedenen Schädlings- und Nützlingsarten in verschiedenem Maß selektiv wirkt. Wenn auch diese allen chemischen Mitteln zukommende Selektivität in vielen Fällen nur gering ist, kann ihre Berücksichtigung doch bereits wesentlich zu einer Entschärfung der chemischen Bekämpfung beitragen. Von den hierher gehörenden bereits zahlreich bekannten Fällen sei nur erwähnt, daß die an Obstbäumen schädlichen Blutläuse gegenüber dem Kontaktgift Thiodan viel empfindlicher sind als ihre parasitischen Schlupfwespen, und daß man die räuberischen Feinde der Wein-Spinnmilbe schonen (und damit Spinnmilben-Vermehrungen vermeiden) kann, wenn man zur Bekämpfung des Traubenwicklers (Clysia ambiguella) Nirosan (Tetranitrocarbazol) verwendet.

Aber auch die Trägerstoffe, Ausbringungsformen und die Wirkungsdauer der Gifte haben in diesem Zusammenhang Bedeutung. So zeigte sich z. B. bei Bekämpfungen im Walde, daß bei Verwendung von Dieselöl als Lösungsmittel für Insektizide die nützlichen Roten Waldameisen geschont wurden, weil sie — vom durchdringenden Dieselöl-Geruch abgestoßen — jede Berührung mit den Gifttröpfchen vermeiden. Was die Form der Ausbringung des Giftes betrifft, ist unter anderem bekannt, daß ein Insektengift in Nebelform auf die Nützlinge erheblich schädlicher einwirkt als in Sprühform. Der Grund liegt darin, daß die feinen Nebeltröpfchen im Gegensatz zu den größeren Sprühtröpfchen in alle Rindenritzen und anderen Verstecke eindringen. Weiterhin liegt auf der Hand, daß kurzlebige Insektengifte, wie etwa die Phosphorsäure-Präparate, die Nützlingsfauna weit weniger dezimieren, als die monatelang haltbaren Gifte wie das DDT. In Anwendung aller dieser Gesichtspunkte sind seit einigen Jahren umfassende Versuche im Gange, die routinemäßigen zahlreichen Obstbaum-Spritzungen zu reduzieren und in einen nützlingsschonenden „Spritzplan" umzuwandeln. Die dabei erzielten Erfolge sind bereits beachtlich.

Während die soeben genannten Fälle von Selektivität in ihrem Wirkungsmechanismus letztlich noch unbekannt sind, weiß man in anderen Fällen, daß die selektive Wirkung einiger chemischer Bekämpfungsmittel auf Unterschieden der *Ernährung* der betreffenden Insekten- und Milbenarten beruht. Die wichtigsten Ernährungs-selektiven Mittel sind zur Zeit die systemischen Insektizide, die im Inneren der Pflanzen transportiert und verteilt werden und nur die Pflanzensäfte saugenden Schädlinge, nicht jedoch ihre Feinde vernichten. Auch die Arsen-haltigen Präparate, die wegen ihrer hohen Giftigkeit für Warmblüter heute kaum noch Verwendung finden, wirken ernährungsselektiv, da sie als Fraßgifte ausschließlich die von den begifteten Pflanzen fressenden Schädlinge treffen.

Auch auf Unterschieden im *Körperbau* kann die Selektivität der Gifte beruhen. Ein Beispiel hierfür ist die Bekämpfung der ostafrikanischen Kokoswanze mit Hilfe winziger — in Harz eingebetteter — DDT-Kristalle, die mit ihren Spitzen etwas aus dem Harzmantel herausragen. Während die schädlichen flachgebauten Wanzen mit den Giftkristallen in Berührung kommen und sich vergiften, laufen die als Wanzenfeinde sehr nützlichen hochbeinigen Raubameisen darüber hinweg.

Der Forschung noch ein weites Feld bietet die Herstellung selektiver Giftwirkungen mit Hilfe *zeitlicher* und *örtlicher Begrenzungen* der Begiftungsaktionen. Hier gelang es z.B. mittels frühzeitiger Bekämpfung der Nonnenspinner-Raupen deren wichtigsten Feind, die Raupenfliege (Parasetigena segregata) weitgehend zu schonen, da zu diesem Zeitpunkt die überwinternden Fliegenpuppen noch geschützt im Waldboden liegen. Einen Hauptparasiten der Blutlaus, die Zehrwespe (Aphelinus mali), konnte man dadurch schonen, daß die Obstbäume während der Schlüpfzeit des Parasiten frei von Spritzbelägen gehalten wurden.

Musterbeispiele für die örtliche Selektivität bilden die Giftköder gegen Mäuse und andere am oder im Boden lebende Tiere. Die Bekämpfung derartiger Schädlinge mit chemischen Sprüh- oder Stäubemitteln sollte man im Interesse der Schonung der Biozönose stets erst in Notfällen anwenden.

Besonders interessant ist schließlich die Methode, die Selektivwirkung eines Giftes dadurch zu erzielen, daß man bestimmte wichtige Schädlingsfeinde durch Auslesezucht *resistent* gegen das Gift macht. Es handelt sich dabei allerdings um eine besonders schwierige Aufgabe, deren Lösung wohl nur langsam voranschreiten wird. Anfangserfolge liegen aber bereits vor. So gelang es unter anderem einen wichtigen Feind der Kartoffelmotte (Gnorimoschema operculella), die Schlupfwespe Macrocentrus ancylivorus, im Laboratorium weitgehend DDT-resistent zu machen.

Alles in allem sind also die subletale Dosis sowie die selektive Giftwirkung die beiden Hauptprinzipien der chemisch-biologischen Bekämpfung. Es ist schon jetzt erkennbar, daß die Entwicklung und Anwendung von Bekämpfungsverfahren auf der

Grundlage dieser Prinzipien die Schädlingsbekämpfung verändern und ihre bedenklichen Nebenwirkungen weitgehend ausschalten werden.

8. Der Weg der Schädlingsbekämpfung

Der Weg, den die Bekämpfung der Kulturpflanzenschädlinge bisher genommen hat und weiterhin nehmen wird, steht in engstem Zusammenhang mit dem Wachstum der Erdbevölkerung. Es gab Mitte des 19. Jahrhunderts rund 1 Milliarde, um die Jahrhundertwende etwa 1,5 Milliarden und in der Mitte des 20. Jahrhunderts fast 3 Milliarden Menschen. Tag um Tag wächst die Erdbevölkerung zur Zeit um etwa 170000 Menschen. Dabei kann heute bereits ein Drittel der Menschheit sich nicht mehr ausreichend ernähren.

Aus dieser Situation ergibt sich für die Landwirtschaft die Verpflichtung, die pflanzliche Produktion unaufhörlich und wesentlich zu steigern. Die Landwirtschaft konnte diese Verpflichtung nur dadurch erfüllen, daß sie sich der Fortschritte der Technik (in Form der Mechanisierung der landwirtschaftlichen Arbeiten) und der Chemie (in Form der Düngung und der chemischen Schädlingsbekämpfung) bediente. Wenn es in der Bundesrepublik beispielsweise gelang, zwischen 1950 und 1960 trotz des starken Rückgangs der landwirtschaftlichen Arbeitskräfte von 3,9 auf 2,4 Mill. die pro Arbeitskraft erzeugte Getreidemenge von 97 auf 204 Doppelzentner zu steigern, so spiegelt sich hierin der Aufschwung der landwirtschaftlichen Technik und Chemie, einschließlich der chemischen Schädlingsbekämpfung wider.

Wir sahen in den vorangegangenen Kapiteln, wie der chemische Weg die Schädlingsbekämpfung nach 1945 steil nach oben führte und sie zwischen 1950 und 1960 einen Gipfel erreichen ließ, von dem aus das Rennen zwischen Schädling und Mensch endgültig zugunsten des letzteren entschieden schien. Wir sahen dann jedoch, wie die biologischen und hygienischen Nebenwirkungen der intensiven chemischen Bekämpfung diesen Schluß zu einem Trugschluß machten und dazu zwangen, nach einem neuen Weg zu suchen. Wie soll dieser Weg nun aussehen und wohin soll er führen? Wie kann der Pflanzenschutz seine gewaltige Aufgabe

114

lösen: den durch Schädlinge verursachten jährlichen Welternte-Verlust von 25% im Werte von etwa 200 Milliarden DM wesentlich zu verringern und dabei gleichzeitig die gefährlichen Nebenwirkungen der chemischen Bekämpfung zu vermeiden oder wenigstens stark zu vermindern? Zur Beantwortung dieser Frage sei die Aufgabe in ihre drei Teilaufgaben zerlegt: Verminderung der Ernteverluste, Erhaltung der Natur sowie Sicherung der menschlichen Gesundheit.

Verminderung der Ernteverluste

Nach der einhelligen Meinung der Fachleute ist eine wesentliche Verminderung der von Schädlingen verursachten Ernteverluste durch weitere Intensivierung der Schädlingsbekämpfung auf der Grundlage der Verstärkung des Pflanzenschutzdienstes und der Pflanzenschutzforschung durchaus möglich.

Die Pflanzenärzte sind von ihrem Ziel, die Vermehrungen der Schadorganismen zu verhindern oder zumindest so rechtzeitig zu bekämpfen, daß keine wesentlichen Ernteverluste entstehen, noch weit entfernt. Zur Erreichung des Ziels ist ein Ausbau des Pflanzenschutzdienstes, insbesondere der Schädlingsüberwachung, Prognose und Bekämpfkontrolle sowie eine Verstärkung der Aufklärung der Pflanzenanbauer notwendig. Die zunehmende Komplizierung des Pflanzenschutzes macht es unumgänglich, daß die Bekämpfungen nicht mehr vom einzelnen Anbauer oder von Unternehmen in seinem Auftrag durchgeführt werden, sondern daß ein Fachmann oder eine Gruppe von Fachleuten alle Maßnahmen nach einem Gemeinde-Pflanzenschutzplan lenkt.

Zu gleicher Zeit muß die Pflanzenschutzforschung erheblich verstärkt werden. Noch längst sind nicht alle Schädlingsarten hinsichtlich ihrer Lebens- und Schadensweise sowie der Möglichkeiten, sie zu bekämpfen, genügend bekannt. Noch viel zu wenig wissen wir auch über die Beziehungen der Schädlinge untereinander sowie der Schädlinge zu den Nützlingen. Es wurde im Vorangegangenen gezeigt, daß infolge dieser Unkenntnis nicht selten ungeeignete Maßnahmen getroffen wurden, die die Schädlinge begünstigten, anstatt sie zu vernichten.

Die wichtigste Aufgabe der Pflanzenschutzforschung ist jedoch nicht die Erarbeitung von Bekämpfungsverfahren, sondern die

Suche nach den Ursachen der Schädlingsvermehrungen. Selbst wenn es einmal so weit käme, daß die chemische Bekämpfung nur noch mit selektiven, für den Menschen unschädlichen, Mitteln arbeiten würde und überdies durch biologische Vernichtungsmaßnahmen stark reduziert wäre, könnte darin kein Idealzustand erblickt werden. Jede Bekämpfung, gleich welcher Art, beseitigt nur Symptome und nicht die Wurzeln der Schädlingsvermehrungen. Es gilt, diese Wurzeln zu finden und an ihnen den Hebel der Pflanzenschutzmaßnahmen anzusetzen. In einigen Fällen hat man bereits wesentliche Ursachen von Schädlingsvermehrungen erkannt und ist dabei, diese Erkenntnisse für den vorbeugenden Schutz der betreffenden Kulturpflanzen nutzbar zu machen. Es sei hier auf die Düngung verwiesen, die den Nahrungswert der Pflanze für eine Anzahl durch nährstoffarme Böden begünstigter Insektenarten herabsetzt und damit die Vermehrung dieser Arten hemmt.

Wieweit es einmal auf Grund solcher Erkenntnisse möglich sein wird, auf Bekämpfungsaktionen oder zumindest auf solche chemischer Art zu verzichten, läßt sich heute noch nicht überblicken. Zunächst bleibt auf jeden Fall die Notwendigkeit bestehen, die Schadorganismen in großem Umfang mit überwiegend chemischen Mitteln zu bekämpfen, weil andere Verfahren von gleich sicherer und hoher Wirkung in den meisten Fällen nicht vorhanden sind. Die Fülle der in den Kapiteln 6 und 7 genannten biologischen und chemisch-biologischen Bekämpfungsverfahren darf nicht darüber hinwegtäuschen, daß diese Verfahren — soweit sie überhaupt für einheimische Schädlinge in Frage kommen — in ihrer großen Mehrzahl noch nicht praxisreif und außerdem noch zu unsicher in ihrer Wirkung sind. Ohne Zweifel wird dieser Mangel Schritt für Schritt behoben werden können; gegenwärtig jedoch verbietet er die Anwendung solcher Verfahren. Kein Landwirt wird im entscheidenden Augenblick, wenn es darum geht, die Ernte zu retten oder vor wesentlicher Einbuße zu bewahren, zu einem Bekämpfungsmittel greifen, das ihm nicht eine genügend hohe Abtötung der Schädlinge gewährleistet.

Nach allem bisher Gesagten ist die chemische Bekämpfung zweifellos ein Übel, jedoch gegenwärtig ein noch notwendiges Übel, da ohne ihre Hilfe bald der größte Teil der Menschheit ver-

hungern würde. Es gibt keinen Zweifel daran, daß bei den weitaus
meisten Pflanzenkulturen zur Zeit ohne chemische Bekämpfungsmaßnahmen weder Qualität noch hohe Erträge erreichbar sind.
In Abb. 45 ist das für eine Kultur, den Kohlanbau, dargestellt.

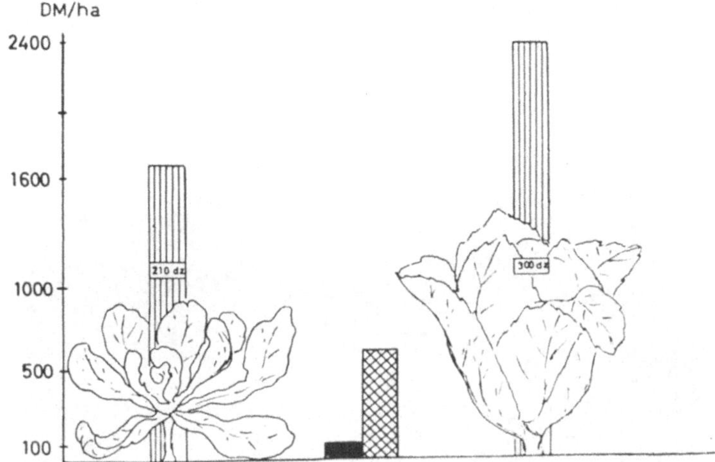

Abb. 45. Kohlanbau ohne und mit Einsatz chemischer Bekämpfungsmittel;
links: ohne chemische Bekämpfung (210 dz pro ha); rechts: mit chemischer
Bekämpfung (300 dz pro ha); Mitte: kl schwarze Säule = Unkosten, gr.
karierte Säule = Gewinn. (Nach K. BÖNING)

Die Aufgabe des modernen Pflanzenschutzes ist es aber, diese
derzeitig starke Abhängigkeit der Land- und Forstwirtschaft von
der chemischen Bekämpfung Schritt für Schritt zu lockern, ohne
dabei die Ernten zu gefährden.

Wir dürfen nach dem heutigen Stand der Wissenschaft erwarten,
daß dieses Ziel erreicht wird, wenn Land- und Forstwirtschaft,
Wissenschaft, Industrie und Gesetzgeber zusammen daran arbeiten.

Erhaltung der Natur

Wir befinden uns in einem Teufelskreis: zur Sicherung unserer
Ernährung müssen die Schädlinge mit chemischen Mitteln bekämpft werden; diese Mittel töten aber zugleich die Lebewesen,

die einer Vermehrung der Schädlinge entgegenarbeiten. Die Folge ist eine langsame, aber stetige Stärkung der Schädlinge und eine entsprechende Zunahme der Schäden. Zugleich werden die schädlichen Wirkungen der chemischen Bekämpfung auf die Natur durch eine Reihe naturfeindlicher Maßnahmen des Menschen, wie Grundwassersenkung, Boden-, Gewässer- und Luftverschmutzung, Entwaldung (Abb. 46), Industrialisierung und andere, die

Abb. 46. Von Bäumen entblößte verkarstete Landschaft in Kenya. (Nach V. Ziswiler)

ebenfalls alle über eine Verarmung der Nützlingsfauna die Schädlinge fördern, unterstützt.

Die Richtung des Weges, der uns aus diesem Teufelskreis herausführt, ist klar: Bekämpfung der Kulturpflanzenschädlinge bei gleichzeitiger Schonung der Nützlinge und der menschlichen Gesundheit. Auf welche Weise dieser Weg begangen werden kann, haben die vorstehenden Kapitel über die nicht-chemische sowie die chemisch-biologische Schädlingsbekämpfung gezeigt. Es wäre bereits ein wesentlicher Schritt auf dem neuen Weg, wenn die Pflanzenanbauer diese heute bereits zur Verfügung stehenden

Möglichkeiten, wie sie im folgenden noch einmal zusammengefaßt sind, voll ausnutzen würden:

1. Gegen Krankheiten und tierische Schädlinge resistente Pflanzensorten wählen; nur anerkanntes Saatgut verwenden.

2. Mit Hilfe geeigneter Kulturmaßnahmen die Abwehrkräfte der Pflanzen gegen Schädlinge stärken.

3. Nur dann bekämpfen, wenn wesentliche Schäden zu erwarten sind.

4. Chemische Verfahren nur anwenden, wenn andere Verfahren nicht möglich sind.

5. Für chemische Bekämpfungen nützlingsschonende Mittel und Ausbringungsmethoden verwenden.

Eine konsequente Beachtung dieser Grundsätze verlangt allerdings von den Pflanzenanbauern eine biologische Einstellung zur Schädlingsbekämpfung, an der es noch weithin mangelt. Oft hört man die Meinung, daß die natürlichen Lebensgemeinschaften schon zu weit zerstört seien, als daß es sich noch lohne, bei der Schädlingsbekämpfung auf sie Rücksicht zu nehmen. Diese Meinung ist irrig. Überall, auch in unseren Kulturlandschaften, bestehen Beziehungsgefüge zwischen Schädlingen und Schädlingsfeinden. Man kann sie je nach der Art der Bekämpfungsmaßnahme entweder zugunsten oder zuungunsten der Schädlinge beeinflussen. Wie entscheidend die Rolle von Schädlingsfeinden bei der Niederhaltung von Schädlingen sein kann, wurde in vielen Fällen erst bemerkt, nachdem man bei Bekämpfungsaktionen die Feinde stärker dezimiert hatte als die Schädlinge, weil die ersteren eine größere Giftempfindlichkeit hatten. Es sei hier nur auf die in Kap. 5 genannte Vermehrung der Roten Spinne im Obstbau als Folge der Vernichtung ihrer Feinde durch DDT-Spritzungen verwiesen. Noch viel zu oft greift der Praktiker fast automatisch zur bequemen chemischen Waffe, ohne sich über nicht-chemische bzw. nützlingsschonende chemische Mittel orientiert zu haben. Hier hat der Pflanzenschutzdienst eine wichtige Aufklärungsaufgabe zu erfüllen.

Die Wissenschaft ist dabei, durch Entwicklung biologischer und integrierter Bekämpfungsverfahren die Voraussetzungen für eine schrittweise Entschärfung und Reduzierung der chemischen Bekämpfung zu schaffen. Am aussichtsreichsten und bereits am weitesten gediehen sind dabei — wie gezeigt wurde — die Arbeiten über mikrobielle Bekämpfungsverfahren, Kombinationen von subletaler Giftdosis mit Schädlingsfeinden, Kombinationen von Lockstoffen mit chemischen oder physikalischen Mitteln sowie über nützlingsschonende (selektive) Mittel und Ausbringungsverfahren. Darüber hinaus werden noch zahlreiche andere Möglichkeiten biologischer oder chemisch-biologischer Schädlingsbekämpfung geprüft. So wird unter anderem daran gearbeitet, tierische Schädlinge durch Störung ihres hormonalen Gleichgewichts mit Hilfe gesprühter oder gestäubter Hormone zu vernichten. Man darf darauf gespannt sein, welche neuen Verfahren der biologischen und integrierten Schädlingsbekämpfung die nächsten Jahre bringen werden.

Alle Bemühungen der Wissenschaft und Praxis aber, bei der Schädlingsbekämpfung die lebende Natur zu erhalten, sind Stückwerk und letztlich zum Scheitern verurteilt, wenn nicht auch auf allen anderen Gebieten der Wirtschaft und Technik auf die Erhaltung unserer Natur weitaus mehr Wert gelegt wird als bisher. Nützlingsschonende Schädlingsbekämpfung, Naturschutz, Landschaftsschutz und Landschaftsgestaltung müssen eng zusammenarbeiten und von der Öffentlichkeit anerkannt und auf breitester Basis unterstützt werden!

Sicherung der menschlichen Gesundheit

Die dritte und wichtigste Forderung an die Schädlingsbekämpfung: nur solche Mittel zu verwenden, die dem Menschen gesundheitlich nicht schaden, ist am schwersten zu erfüllen, weil die Wirkungen der Pflanzenschutzmittel im menschlichen Körper noch zum größten Teil unbekannt sind. Der sich hieraus für die Wissenschaft ergebenden Verpflichtung, auf diesem Gebiet verstärkt zu forschen, kommen die medizinischen, hygienischen, toxikologischen und anderen über Giftwirkungen arbeitenden Institute in allen Teilen der Erde nach. Solange sie nicht die Unschädlichkeit der chemischen Bekämpfungsmittel, insbesondere der in unseren Nahrungsmitteln enthaltenen Pflanzenschutzmittelrückstände, eindeutig nachgewiesen haben, und dieser Nachweis fehlt bis heute noch, bleibt angesichts der Notwendigkeit, die

Schädlinge auch weiter chemisch zu bekämpfen, nichts anderes übrig, als durch Gesetze und Kontrollen die Rückstände so niedrig zu halten, daß damit nach dem heutigen Wissensstand keine gesundheitlichen Gefahren verbunden sind. Die Gesetze sind vorhanden, doch sind die Kontrollen — zumal bei den zahllosen im Inland erzeugten und im Kleinhandel abgesetzten Produkte — schwierig und noch ungenügend. Dennoch besteht kein Anlaß zu der Befürchtung, die in der Nahrung enthaltenen Mittelrückstände könnten zu akuten Vergiftungen führen. Die erlaubten Rückstandsmengen (Toleranzmengen) sind so niedrig gehalten, daß selbst bei gelegentlichen Übertretungen noch keine Gefahr einer akuten Vergiftung besteht.

Was die Gefahr einer chronischen Vergiftung durch Speicherung und allmähliche Anhäufung sehr geringer Giftmengen — wie sie in unseren Nahrungsmitteln enthalten sind — im Körpergewebe betrifft, so gilt gerade ihr seit längerem das besondere Augenmerk der Forschung, ohne daß bisher derartige Gesundheitsstörungen nachgewiesen werden konnten. Alle Meldungen gegenteiliger Art sind wissenschaftlich nicht fundiert.

Man kommt nicht umhin, das Rückstandsproblem im Rahmen der „toxischen Gesamtsituation" des Menschen in der heutigen Zeit zu betrachten. Angefangen bei den Abgasen der Kraftfahrzeuge (von denen einige nachweislich Krebs erzeugen können) über die Bleiabsetzungen solcher Gase auf den Pflanzen, die Verunreinigungen des Wassers und der Luft, die Farb- und Konservierungsstoffe in den Lebensmitteln und der ständig zunehmende Gebrauch chemischer Arzneien bis hin zu den Pflanzenschutzmitteln werden unablässig zahlreiche Chemikalien in den menschlichen Körper aufgenommen. Was sie im einzelnen oder zusammen bewirken, ist noch sehr wenig bekannt, da mit dem Menschen nicht experimentiert werden kann. Sie bilden einen Teil des Preises, den der Mensch für die Zivilisation zu zahlen hat. Daß dieser Preis nicht unbillig hoch wird, dafür sorgen die Fortschritte der Wissenschaft, insbesondere der Medizin. Es bedeutet keine Bagatellisierung der Sorgen um die toxische Situation des Menschen in unserer hochzivilisierten Welt, wenn hier darauf hingewiesen wird, daß trotz aller chemischen Einflüsse das Durchschnittsalter des Menschen bisher von Jahrzehnt zu Jahrzehnt zugenommen hat. Diese Tatsache muß berücksichtigt werden, wenn man ein objektives Urteil darüber gewinnen will, wie sich die Chemie im allgemeinen und die chemische Schädlingsbekämpfung im besonderen auf die Menschheit auswirkt.

Ebenso wenig wie Übertreibung ist aber Sorglosigkeit in Pflanzenschutzdingen am Platze. Es gibt heute praktisch kein Nahrungsmittel, ja sogar wie neue Untersuchungen zeigten keinen Liter Luft mehr, in dem nicht Spuren von DDT enthalten wären. Der Forderung der Hygieniker, zumindest die Grundnahrungsmittel und die Luft von Bekämpfungsmittelrückständen frei zu halten, sollte so bald wie möglich entsprochen werden. Der neue Weg der Schädlingsbekämpfung, der ja insbesondere eine Abkehr von den lange haltbaren und breitenwirksamen chemischen Bekämpfungsmitteln wie dem DDT bedeutet, wird diese Forderung erfüllen.

Freilich, völlig werden wir uns von der chemischen Bekämpfung wohl nie lösen können, so daß gewisse hygienische Gefahren immer mit der Schädlingsbekämpfung verbunden bleiben werden. Das für uns optimal Erreichbare ist ein Kompromiß zwischen dem Pflanzenschutz, dem Naturschutz und dem Menschenschutz. Da aber dann die unerwünschten Nebenwirkungen der Schädlingsbekämpfung auf die Natur und den Menschen ganz wesentlich geringer sein werden als heute, können wir mit diesem Kompromiß zufrieden sein.

Literatur

BACHTHALER, G.: Chemische Unkrautbekämpfung auf Acker und Grünland.
München: Landwirtschafts-Verlag 1963.

BAUER, K.: Studien über Nebenwirkungen von Pflanzenschutzmitteln auf die
Bodenfauna (Sammelbericht). Mitt. Biol. Bundesanst. f. Land- u. Forstw.
Berlin-Dahlem. H. 112, 1964.

BRAUN, H., u. E. RIEHM: Krankheiten und Schädlinge der landw. und gärtner.
Kulturpflanzen und ihre Bekämpfung. 8. Aufl. Berlin u. Hamburg: Parey
1957.

CRAMER, H. H.: Pflanzenschutz und Welternte. Pflz.Schutz-Nachr. Bayer,
1967.

DOMSCH, K.: Einflüsse von Pflanzenschutzmitteln auf die Bodenmikroflora
(Sammelbericht). Mitt. Biol. Bundesanst. f. Land- u. Forstw. Berlin-
Dahlem. H. 107, 1963.

FRANZ, J. M.: Biologische Schädlingsbekämpfung in: SORAUER, Handbuch
der Pflanzenkrankh., Bd. 6, 3. Lfg., 2. Aufl. Berlin u. Hamburg: Parey
1961.

FRICKHINGER, H. W.: Leitfaden der Schädlingsbekämpfung. Stuttgart: Wiss.
Verl.Ges. 1935.

Handbuch der Pflanzenkrankheiten. Begründet von P. SORAUER. Berlin u.
Hamburg: Parey 1949—1963.
Bd. I: Die nichtparasitären Krankheiten; Bd. II: Die Virus- und bakte-
riellen Krankheiten; Bd. III: Pilzkrankheiten und Unkräuter; Bd. IV u. V:
Tier. Schädlinge an Nutzpflanzen; Bd. VI: Pflanzenschutz.

MAIER-BODE, H.: Pflanzenschutzmittel und Rückstände. Stuttgart: Ulmer
1965.

MÜLLER, E. W., u. H. J. WASSERBURGER: Insekten als Kulturpflanzenfeinde.
Die neue Brehm-Bücherei. Wittenberg: Ziemsen 1967.

WEIDEL, W.: Virus. Die Geschichte vom geborgten Leben. Verständl. Wiss.
Bd. 60. Berlin-Göttingen-Heidelberg: Springer 1957.

Abbildungsnachweis

Abb. 1. GOETSCH, W.: Die Staaten der Ameisen. 2. Aufl. Verständl. Wissenschaft, Bd. 33. Berlin-Göttingen-Heidelberg: Springer 1953.

Abb. 2. ESCHERICH, K.: Forstinsekten Mitteleuropas, Bd. 5. Hamburg: Parey 1942.

Abb. 3. Bayer Pflanzenschutz-Compendium. Leverkusen 1961.

Abb. 4. WEIDEL, W.: Virus. Verständl. Wissenschaft, Bd. 60. Berlin-Göttingen-Heidelberg: Springer 1957.

Abb. 5. Bayer Pflanzenschutz-Compendium. Leverkusen 1961.

Abb. 6. PICHLER, F., u. O. SCHREIER: Merkheft d. Bundesanst. Pflanzenschutz. Wien 1952.

Abb. 7. BÖHM, O., u. T. SCHMIDT: Merkheft d. Bundesanst. Pflanzenschutz. Wien 1955.

Abb. 8. a) WILKE, S.: In: SORAUER: Handb. d. Pflanzenkrankheiten, Bd. 4, 1. Teil, 4. Aufl., 1925.
        b) SCHREIER, O., u. H. WENZL: Merkheft d. Bundesanst. Pflanzenschutz. Wien, 3. Aufl., 1956.

Abb. 9. Die BASF, Basel. 17, Heft 3 (1967).

Abb. 10. The locust handbook. London: Anti-Locust Res. Centre 1966.

Abb. 11. The locust handbook. London: Anti-Locust Res. Centre 1966.

Abb. 12. Orig., Zeichng. K. WILHELM.

Abb. 13. Bayer Pflanzenschutz-Kurier, Heft 5, 1962.

Abb. 14. a) Cyanamid-Mitteilungen, München, Heft 1, 1966.
        b) Bayer Pflanzenschutz-Kurier, Heft 4, 1956.

Abb. 15. Bayer Pflanzenschutz-Kurier, Heft 1, 1967.

Abb. 16. Orig., Zeichng. K. WILHELM.

Abb. 17. ESCHERICH, K.: Forstinsekten Mitteleuropas, Bd. 3, Hamburg, 1931.

Abb. 18. Pflanzenschutzmittel-Verzeichnis d. Biol. Bundesanst. f. Land- u. Forstw., Braunschweig, 1967.

Abb. 19. MANSFELD, K.: In: SORAUER: Handb. d. Pflanzenkrankheiten, Bd. 5, Teil 2, 5. Aufl., 1958.

Abb. 20. RÖRIG, G.: Tierwelt und Landschaft. Stuttgart, 1906.

Abb. 21. RÖRIG, G.: Tierwelt und Landschaft. Stuttgart, 1906.

Abb. 22. Orig., Zeichng. K. WILHELM.

Abb. 23. Orig., Zeichng. K. WILHELM.

Abb. 24. SCHALLER, F.: Die Unterwelt des Tierreiches. Verständl. Wissenschaft, Bd. 78. Berlin-Göttingen-Heidelberg: Springer 1962.

Abb. 25. KOTTE, W.: Krankh. u. Schädl. im Gemüsebau, Hamburg, 1960.

Abb. 26. PAPE, H.: Krankh. u. Schädl. d. Zierpflanzen, 4. Aufl., Hamburg, 1955.

Abb. 27. PAPE, H.: Krankh. u. Schädl. d. Zierpflanzen, 4. Aufl., Hamburg, 1955.

Abb. 28. BACHTHALER, G.: Chem. Unkrautbekämpfg. auf Acker u. Grünland. München: Bayer. Landw.-Verlagsges. 1963.
Abb. 29. Bayer Pflanzenschutz-Compendium, Leverkusen, 1961.
Abb. 30. Bayer Pflanzenschutz-Kurier, Heft 4, 1957.
Abb. 31. Bayer Pflanzenschutzkurier, Heft 2, 1966.
Abb. 32. Photo: WENK-NEUHAUS, Nürnberg.
Abb. 33. PAPE, H.: Krankh. u. Schädl. d. Zierpfl., 4. Aufl., Hamburg, 1955.
Abb. 34. BALACHOWSKY, A., et L. MESNIL: Les insectes nuisibles aux plantes cultivéés, Vol. 1, Paris 1935.
Abb. 35. RAESFELD, F. v.: Das Rehwild. Hamburg 1956.
Abb. 36. FRICKHINGER, H. W.: Leitfaden d. Schädlingsbekämpfung, 3. Aufl., Stuttgart 1955.
Abb. 37. ORTH, H.: Chem. Unkrautbek. im Gartenbau. München: Bayer. Landw.-Verlagsges. 1965.
Abb. 38. Bayer Pflanzenschutz-Compendium. Leverkusen 1961.
Abb. 39. Orig., Zeichng. K. WILHELM.
Abb. 40. SPRAU, F.: Pflanzenschutz. München, Bd. 4, 1952.
Abb. 41. SWEETMAN, H. L.: Principles of biol. control. Dubuque, Iowa 1958.
Abb. 42. Orig., Zeichng. K. WILHELM.
Abb. 43. Inform. Circ., Departm. Forestry of Canada, 1965.
Abb. 44. FRANZ, J. F.: Biol. Schädlingsbekämpfung. In: SORAUER: Handb. d. Pflanzenkrankh. Bd. 6, 3. Lfg., 2. Aufl., 1961.
Abb. 45. BÖNING, K.: Pflanzenschutz, der sich lohnt, 2. Aufl. München: Bayer. Verlagsges. 1962.
Abb. 46. ZISWILER, V.: Bedrohte und ausgerottete Tiere. Verständl. Wissenschaft, Bd. 86, Berlin-Heidelberg-New York: Springer 1965.
Abbildungen 1, 2, 6, 8, 20, 21, 25, 26, 27, 35 und 36: Nachzeichnungen (zum Teil verändert) von K. WILHELM.

Sachverzeichnis

Absammeln 32
Abschreckung 58
Ackersenf 5
Actidion 52
Älchen 11, 14
Aelia 14
Agropyron repens 6
Akarizide 48
akute Vergiftung 78
Aldrin 73, 81, 83
Alliin 53
Allium sativa 53
Ameisen 1
—, Ansiedlung 90, 96
Ammern 19
Amphibien, Gefährdung 72
amtliche Anerkennung 28
Anchusa 6
Anlockverfahren 35, 58
Anthonomus pomorum 96
Antibiotica 52, 53, 63
Apfelblattsauger, biol. Bek. 100
Apfelblütenstecher 2
—, biol. Bek. 96
Apfelwickler 17, 98
Aphelinus mali 113
Arsenpräparate 42, 74, 112
Atemgifte 41
Ausscheidungen d. Schädlinge 21

Bacillus thuringiensis 102
— *typhi murium* 102
Bakterien gegen Insekten 101
— gegen Mäuse 99
— beim Menschen 4
— bei Pflanzen 6, 8, 52, 53
— Präparate 102
— -Bekämpfung 63
Bakterizide 63
Bandwürmer 4
Baumwollkapselkäfer 18, 19
Beauveria bassiana 111

BECHSTEIN 96
Begasen 56
Begünstigung von Schädl. 74
Beistoffe 41
Beizgeräte 44
Beizung von Saatgut 38, 42, 43
Bekämpfungs-Erfolg 26
— -Geräte 54
— -Überwachung 26
Benzolsulfonate 48
Beobachter im Pflanzenschutz 23
BERTOLON 39
biologische Bekämpfung 83, 92
Biologische Bundesanstalt 22, 29, 89
Biozönose 84, 90, 95
biozönotische Maßnahmen 90
Birnenblattwespe 17
Blattflecken-Krankheiten 51, 77
Blattkakteen, biol. Bek. 92
Blattläuse 1, 7, 14, 84
—, biol. Bek. 96
Blattverbrennungen 68
Blattwespen 17
Blausäure 56, 57, 58
Blutlaus 112, 113
Boden-Bakterien 67
Bodenbearbeitung 86
Bodenentseuchung 37, 44
— -Pilze 67
— -Tiere 67
Borkenkäfer 35
Brachfliege 88
Brandpilze 10, 11
Braunrost des Weizens 77
Bügelfalle 36
Bufo marinus 96
BUTENANDT 62

Cactoblastis cactorum 92
Carbamate 67
Cercospora 77
Cercosporella herpotrichoides 88

chemische Bekämpfung 39
chemisch-biol. Bekämpfung 110
chlorathaltige Herbizide 50
Chlornitrobenzole 44
Chlorops taeniopus 88
Chlortion 48
chronische Vergiftung 79
Citrus-Schildlaus 94
Clysia ambiguella 112
Cochliomyia hominivorax 108
Collembolen 67
Contarinia nasturtii 85

Dacus doralis 62
Dämpfgeräte 37
Dattelpalmenschildlaus 57
DD 45
DDT 41, 46, 64, 71, 75, 80, 111, 113,
    119, 122
—, Anreicherung im Boden 66, 68
—, Speicherung in Regenwürmern 67
Decaux 96
D'Herelle 101
Diagnose 22, 24
Dichlordiphenyltrichloräthan 42
Dichlorphenoxyessigsäure 49
Dichlorpropan 45
Dichlorpropylen 45
Dieldrin 43, 73, 81, 83
Dieselöl als Lösungsmittel 59, 112
Dinitrokresole 49
Diprion hercyniae 105
— *pini* 17, 27
DL 50 40, 71
Dosierung 26, 50
Dosis letalis 40
Dosisgifte 40
Drahtwurmbefall 37, 43, 86
Drosseln 32
Düngungsmaßnahmen 83
Durchlaufbeizer 44

E 605 41, 47
Eichenwickler 24, 111
Einfuhr von Schädlingsfeinden 94
Eiparasiten 76, 97
Elektrizität gegen Schädlinge 39
Elektrozäune 30
Engerlinge 37, 43, 44
Epochen der chem. Bekämpfung 41
Erbsenwickler 88
Erhaltung der Natur 117

Erysiphaceae 11
Eulen (Schmetterlinge) 16
Eurygaster 14

Fadenwürmer 7, 11, 41, 44
— für biol. Bekämpfung 98
Fallen 34
Fang-Bäume 35
— -Gürtel 35
— -Trichter 33
Fegen der Geweihe 21, 30
Feldmäuse 61
Fermentblockierung 41
Fernhaltung 30
Fichtenblattwespen 85
Fische, Vergiftung 71, 72
Fleckenkrankheit d. Bohne 52, 88
Fledermäuse, Ansiedlung 90
Fliegen 19, 70, 95
Flugbrand der Gerste 10
Forleule 24, 42, 58
Forstschutz 22
Fraßgifte 41, 112
Fritfliege 77, 86
Frostspanner 36
Fruchtfolge 86
Fruchtschimmel 11
Fruchtverkümmerung 68
Fungizide 41, 44, 51, 65, 68
Fusarium des Roggens 43, 85
Fusicladium 11

Gaspatronen 58
Gelbspritzmittel 49
Gelbsucht 6
— der Rüben 8
Gemeinde-Pflanzenschutzplan 115
Geruchstest bei DD 45
Gesundheitsschädlinge 3
Gesundheitszeugnis f. Pflanzen 23
Getreidelaubkäfer, biol. Bek. 99
Getreidelaufkäfer 34
Getreiderost 6
Getreidewanzen 14, 76
Gift 40
Giftabteilungen 29
Giftdosis 40
Gifteier 61
Giftigkeit 40
Giftresistenz 64, 66
Giftweizen 61, 73
Gläser als Fallen 34

Gliederfüßler 13, 96
Gloeosporidium lindemuthianaum 85
Gloeosporium 88
Gnorimoschema operculella 113
Goldafter-Spinner 16
Gräben als Fallen 34
Grapholita 88
Großer brauner Rüsselkäfer 34, 62
Grundlagenforschung 27
Gurkenblattlaus 13

$H_2S + SO_2$-Gemisch 58
Haferflugbrand 43
Halmbruchkrankheit 86
Hauskatze zur biol. Bekämpfung 84
Hausschwamm 4
HCH 41, 46, 72
Hecken-Anpflanzung 90
Hederich 5
Heißnebel 58
Heißwasser gegen Bodenschädl. 38, 43
Hemmstoffe der Unkräuter 5
Herbizide 41, 49, 65, 69, 76
Herbstzeitlose 6
Heuschrecken 14
Hexachlorcyclohexan 44, 46
Hexa-DDT-Streumittel 67
Hexamittel 44, 46, 56, 67, 68, 70, 77, 111
Hitze als Bekämpfungsmittel 37
Höchstmengen-Verordnung 80
Honigbiene 59, 71, 102
Honigtau 1, 14
Hopfenspinnmilbe 13, 48
Hubschrauber 56
Hylemyia coarctata 88
Hylobius abietis 34

Icerya purchasi 94
Import von Schädlingsfeinden 94
Injektoren 45
Innertherapeutika 48
Insektenfauna, Gefährdung 70
Insekten-Fegeapparat 33
Insektizide 41, 43, 46, 70, 73
integrierte Bekämpfung 110

Käfer 19
Kapselvirose 103
Karbolineen 28, 68
Kartoffelälchen 12
Kartoffelkäfer 18, 23, 42, 95, 111

Kartoffelkrebs 89
— motte 113
— nematoden 87
Kastenfallen 37
Keimschäden 68
Kelthane 48
Kernpolyedrose 103, 105
Kiefernblattwespe 17, 85, 91
Kieferneule 24
Kiefernspanner 24, 91
Kippfallen 36
KIRBY 96
Klee, Mäusefraß 21
Kleerüßler 85
Kleidermotte 4
KNIPLING 107
Knoblauch 53
KOEBERLE 94
Kohlanbau 117
Kohlblattläuse 110
Kohlenwasserstoffe 46, 82
Kohlfliege 30
Kohlhernie 37, 44
Kohlherzgallmücke 85
Kohlkragen 30
Kohlweißling 16
Kombination subletale Begiftung Krankheit 111
kombinierte Trockenbeizen 43
Kommaschildlaus 76
Kontaktgifte 41
Kopfsalat, Rückstände 80
Kornkäfer 4
Kräuselungen von Blättern 6
Krebs beim Menschen 82, 121
— bei Pflanzen 8
Kressekeimungs-Test 45
Kreuzkraut 6
Kritische Zahl 25
Kulturmaßnahmen 84
Kumulationsgifte 40
Kupfer-Arsen-Salz 42
— Präparate 42, 51, 68

Lärchenminiermotte 70
Lampen zur Anlockung 36
Langfristvorhersage 25
Lauch 6
Lebensgemeinschaft 84, 90
Leimringe 36
Leitunkräuter 51
Lepidosaphes ulmi 76

Lindan 43, 46
Lindenspinnmilbe 13
LÖFFLER 103
Löwenzahn 5
Lymantria monacha 103

Macrocentrus ancylivorus 113
Mäuse 19, 78
—, biol. Bekämpfung 84, 102
Mäusefallen 36
Mäusetyphus 102
Maikäfer 19, 33
Maiszünsler 85, 88
Malariamücken 4
Malathion 48
Maneb 51
Marienkäfer 35, 94, 96
Massenzucht von Schädlingsfeinden
   96
Materialschädlinge 4
Maulwurfgrille 35
Mehlmotte 97, 102
Mehltau-Pilze 10, 51
Meldedienst 23
Melonenfruchtfliege 109
Metaldehyd 61
Metarrhizium anisopliae 100
Metasystox 48
Metatetranychus ulmi 75
Methylbromid 67
Methylisothiocyanat 45
METSCHNIKOV 99
Mikroorganismen zur biol. Bek. 99
Milben 7, 64, 85, 94
Mischwälder 91
MITSCHURIN 53
Möhren, chem. Rückstände 69, 81
Monilia 11, 51
Monokulturen 91
Mosaikflecken 6
Motorenabgase 58, 121
Motten 16
Mücken 19
MÜLLER 42, 107
Mungo 95
Muridae 19
Mykosen 11, 99
Myxomatose-Virus 106
Myzelien 9

Nachtschatten 6
Nadelholzblattwespen 17

Nährstoffkonkurrenz 5
Nahrungsköder 62
Natriumchlorat 50
Nebelverfahren 56, 112
Nebenwirkungen der chem. Bek. 63
Nectria galligena 85
Nematizide 41
Nematoden 7, 11, 41, 44
— für biol. Bekämpfung 98
—, Zysten 12, 87
Neoplectana 98
Nikotin 43
— Begasung 110
Nirosan 112
Nonnenspinner 58, 96, 103, 113
Normen für chem. Mittel 72

Obstbaum-Spinnmilbe 48, 75, 78
— Karbolineum 68
Obstmaden 24
Ochsenzunge 6
Olivenfliege 19
Olpidium brassicae 7
Opuntien, biol. Bekämpfung 92
orientalische Fruchtfliege 62
Oscinis frit 86
ostafrikanische Kokoswanze 113
Ostrinia nubilalis 88

PARACELSUS 40
Parasetigena segregata 113
Parathion 47, 80
Pegomyia hyoscyami 86
Penicillin 51
Penicillium rubrum 51
Pflanzenärzte 22
— krankheiten 6
Pflanzensäfte-Sauger 13
Pflanzenschutz-Dienst 22
— -Forschung 26, 115
— -Geräte 28
Pflanzenschutzmittel-Prüfung 28
— Rückstände 66, 79, 81
— Überwachung 28
— Verzeichnis 28
Pflaumenwickler 17
Phoceidae 19
Phosphorsäure-Ester 41, 47, 71, 80
Phragmidium mucronatum 53
physikalische Bekämpfung 29
Phytomediziner 22
Phytophthera der Kartoffel 11, 77

Pieriden 102
Pilze 6, 9, 65
Pilzkrankheiten 68
Plasmapolyedrose 103
Polyedrose 103
Primärparasiten 3
Prognose 22, 24
Protozoen 101
Psylla mali 100
Ptychomyia remota 95
Puccinia graminis 6, 89
Pyrethrum 43

Quailea whittieri 95
Qualitätsminderung 21
Quarantäne 22
Queckengras 6
Quecksilber 42, 51

Radieschen, Rückstände 81
Räuchern 56
Ranunculus acer 65
Rapsglanzkäfer 32
Ratte, biol. Bekämpfung 95
—, Versuchstier 71, 80
Raubvogel-Attrappen 31
Raupenfliegen 70, 76, 113
Reblaus 14, 44, 89
Rehwild 1, 21
Reisstengelbohrer 53
Reiswickler 17
Repellents 59
Reptilien, Gefährdung 72
Resistenz d. Ins. gegen Gifte 113
— — — gegen Krankh. 101
— d. Mäuse gegen Krankheiten 99
— d. Pflanzen gegen Krankh. 88
Resistenz-Züchtung von Insekten 113
— — — Pflanzen 14, 89
Rettiche, Rückstände 81
Rhizoctonia solanii 88
Riesenkröte 96
Rindenschälen des Wildes 21, 30
Ringfleckenkrankheit 6
Ripper 110
Rodentizide 48
Rodolia cardinalis 94
Rostpilze 11, 53
Rote Waldameise 91
Rotwild 21
Rübenblattvergilbung 8
Rübenderbrüßler 34, 99

Rübenfliege 19, 86
Rußtau-Pilze 14

Saatdichte, -tiefe, -zeit 86
Säugetiere, Gefährdung 74
Salatfäule 44
Salatmosaik-Virus 6
Salmonella typhi murium 103
Sammelgeräte 33
Sauerampfer 5
Schädlings-Vermehrung 27, 116
Schallplatten zur Fernhaltung 32
scharfer Hahnenfuß 65
Schildläuse 84
Schlagfallen 36
Schlupfwespen 2, 70, 76, 91, 95, 97, 112
Schmetterlinge 16
Schnaken 19
Schneeschimmel des Roggens 44
Schnellkäfer 37, 86
Schonung von Nützlingen 110
Schorf der Obstbäume 51
Schraubenwurm 108
Schrotschußkrankheit d. Kirsche 52
Schwammspinner 62
Schwarzadrigkeit der Cruciferen 8
Schwarzrost des Weizens 89
Schwarzwild 21
Schwefelkohlenstoff 44
Schwefelpräparate 42, 67, 68
Schweinfurter Grün 42
Screw worm 108
Sekundärparasiten 3
Selbstvernichtung von Insekten 107
selektive Gifte 111
Senecio 6
Sexuallockstoffe 62
Sinapis arvensis 5
Sortenresistenz 88
Spanner 16
Spargelfliege, Bekämpfung 31
Spatzenfallen 36
Spence 96
Sperlinge 19
Spinnen 35, 70
Spinner 16
Spinnmilben 13, 48, 76
Sporenflug, Registrierung 24
Spritzen 45, 56, 112
Sprühen 45, 56
Stachelbeerblattwespe 17

Stäuben 45, 56
Standorteinfluß 85
Stare 19, 32
Starrflügler 55
Stechmücken 4
Stengelfäule 8
Sterilisierung von Insekten 107
Stichfallen 36
Strahlenanwendung 39
Streifenkrankheit der Gerste 43
Streptomycin 52
Stubenfliege, Resistenz 64
subletale Begiftung 111,113
synthetisch-organische Mittel 43
systemische Mittel 49, 70, 112
Systox 48

Tabakmosaik-Virose 6, 8
Tabaknekrose 8
Tagfalter 16
Tannentriebwickler, intgr. Bek. 110
Tauben 19
technisches Hexa 46
Tertiärparasiten 3
Tetranitrocarbazol 112
Thallium 73
Therapie 22
Thiocarbamate 51
Thiodan 71, 112
Thiophosphorsäure-Ester 47
Tipulidae 19
tödliche Dosis 40
Toleranzwerte 80, 121
Totalherbizide 50
Toxaphen 48, 71
toxische Gesamtsituation 121
Toxizität 40
Trapex 45
Traubenwickler 112
Trichogramma evanescens 97

Überdüngung mit Stickstoff 85
Ultra low volume-Verfahren 54
Ungräser 5
Unhölzer 5
Unkräuter 5, 51, 76
—, biol. Bekämpfung 92
Unsträucher 5
Uredinales 11
Urtierchen zur biol. Bekämpfung 101
Ustilaginales 11

Verbildungen 6

Verfärbungen 6
Verhaltens-Resistenz 66
Viren, Bekämpfung 63
— zur biol. Bekämpfung 103, 106
— bei Insekten 103
— beim Menschen 4
— bei Pflanzen 6, 8, 12, 52
Virus-Überträger 8, 14
Vögel 19
—, Ansiedlung 90, 91
—, Vergiftung 72
Vogelscheuchen, akustische 32
—, optische 31
Vollerntemaschinen 6
Vorratsschädlinge 4

Wanderheuschrecke 15
—, biol. Bekämpfung 101
Wanzen 7, 14
Warndienst 23
Warnmeldungen 24
Wartezeit
Wasserdampf z. Bek. 37, 44, 80
Wasserflöhe, Vergiftung 72
Webervögel 19
Wegerich 5
Weinspinnmilbe 112
Weißlinge, biol. Bekämpfung 102
Weizenflugbrand 39
Weizenhalmfliege 5
Weizenmade 88
Weizensteinbrand 43
Wickler 16
Wildabschreckung 59
Wildkaninchen, biol.Bekämpfung 106
Wildschäden 59
Wipfelkrankheit der Nonne 103
Wirbeltiere 19
Wirkstoffe 41
Wuchsstoffe als Herbizide 49
Wühlmäuse 48, 58
Wurzelausscheidungen 5
Wurzelkropf 9
Wurzeltöter der Kartoffel 88

Zäune 30
Zangenfallen 36
Zineb 51
Zinkphosphid 61, 73
Zinnpräparate 51
Zuckerrübe 8
Zweiflügler 19
Zwischenwirte 76